Фикрет Бабаев
Галина Мартынова

Геохимия нефти

Фикрет Бабаев
Галина Мартынова

Геохимия нефти

систематизация геохимических показателей

Palmarium Academic Publishing

Impressum / Выходные данные
Bibliografische Information der Deutschen Nationalbibliothek: Die Deutsche Nationalbibliothek verzeichnet diese Publikation in der Deutschen Nationalbibliografie; detaillierte bibliografische Daten sind im Internet über http://dnb.d-nb.de abrufbar.

Библиографическая информация, изданная Немецкой Национальной Библиотекой. Немецкая Национальная Библиотека включает данную публикацию в Немецкий Книжный Каталог; с подробными библиографическими данными можно ознакомиться в Интернете по адресу http://dnb.d-nb.de.

Coverbild / Изображение на обложке предоставлено: www.ingimage.com

Verlag / Издатель:
Palmarium Academic Publishing
ist ein Imprint der / является торговой маркой
OmniScriptum GmbH & Co. KG
Heinrich-Böcking-Str. 6-8, 66121 Saarbrücken, Deutschland / Германия
Email / электронная почта: info@palmarium-publishing.ru

Herstellung: siehe letzte Seite /
Напечатано: см. последнюю страницу
ISBN: 978-3-639-72739-5

Содержание

Принятые сокращения и условные обозначения[*]

АК - апокатагенез
БТ – бензотиофен
ГЗГ – главная зона газообразования
ГЗН – главная зона нефтеобразования
ГФ – газовый фактор
ГФГ – главная фаза газообразования
ГФН – главная фаза нефтеобразования
ДБТ – дибензотиофен
ИСУ – изотопный состав углерода, $\delta^{13}C$, ‰
МК – мезокатагенез
$МК_1$=$МК_3$ – степень катагенеза ОВ сапропелевого состава
$МК_2$ – степень катагенеза ОВ гумусового состава
МЭ - микроэлементы
НГБ – нефтегазоносный бассейн
НОВ – нерастворимое органическое вещество
ОВ – органическое вещество
О-В – окислительно-восстановительные условия
ОКВ – окрашенное вещество
ОСВ – отражательная способность витринита
OI-индекс олеанана
ПК – протокатагенез
РОВ – рассеянное органическое вещество
УВ – углеводороды
ФГТ – фазово-генетический тип
C_{27} – холестан
C_{28} – метилхолестан
C_{29} – этилхолестан
C_{30} – гаммацеран
Ts/ Tm-терпановый индекс
Ts – триснорнеогопан - (C_{27}-18α(H) или 18α21β)
Tm – трисноргопан - (C_{27}-17α(H) или 17α21β)
Pr – пристан – $C_{19}H_{40}$ – 2, 6, 10, 14 тетраметилпентадекан
Ph – фитан – $C_{20}H_{42}$ – 2, 6, 10, 14 тетраметилгексадекан
HI – водородный индекс
R_0 – величина отражательной способности витринита
$T_{лаб}$- лабораторная температура
$T_{палео}$- палеотемпература

[*]В тексте, с целью концентрации внимания читателя, некоторые слова выделены жирным шрифтом.

ВВЕДЕНИЕ

В последние годы в практике поисково-разведочных работ нефти и газа заметно возросла роль геохимических исследований в связи изучением вопросов формирования и преобразования состава и свойств нефти в природе, путей преобразования органического вещества, дающего начало нефти; аккумуляции рассеянных углеводородов в залежь и последующих превращений нефти под действием различных геологических факторов, что позволит изучить происхождение нефти и выявить генетическую связь между сырой нефтью и материнской породой.

Для решения многих научных и практических задач, включающих выявление источников образования компонентов нефти, условий и процессов формирования углеводородных скоплений, ориентацию поисково - разведочных работ необходимы четкие представления о природе изучаемых углеводородных систем, о месте, которое они занимают в цепи последовательных преобразований органических соединений в недрах.

Проведение геохимических исследований требует также сведений о строении разреза, емкостно-фильтрационных свойствах и литологии слагающих его пород, степени их тектонической деформированности, т. е. о тех факторах, которые определяют механизм массопереноса углеводородов и, тем самым влияют на особенности поисковых геохимических исследований.

Сегодня геохимия нефти - весьма разветвленная прикладная наука, в активе которой имеются разнообразные геохимические концепции и методы, играющие важную роль в решении проблем, связанных с поисками нефти.

При написании данного пособия преследовалась цель систематизировать, по мере возможности, существующие геохимические показатели для геохимических исследований нефти.

В процессе написания пособия были использованы многочисленные статьи, монографии, труды научных конференций, относящиеся к данной тематике, опубликованные в научной периодической литературе.

Надеемся, что подобный перечень геохимических показателей и материалы пособия принесут пользу исследователям, занимающимся проблемами геохимии нефти.

Пособие представляет интерес для широкого круга геологов, геохимиков, химиков, занимающихся проблемами нефтяной геологии и лиц, интересующихся вопросами происхождения нефти.

1. КЛАССИФИКАЦИЯ НЕФТЕЙ

1.1. Химическая классификация нефти

В настоящее время широко используется **химическая классификация нефти**, предложенная **Ал.А. Петровым** (1984) **на основе** распределения в ней **реликтовых углеводородов** – алканов нормального и изопреноидного строения.

Ал. А. Петров выделил **четыре типа нефтей: $А^1$, $А^2$, $Б^2$, $Б^1$.**

Нефти типа $А^1$ относятся к метановым, $А^2$ – к метано-нафтеновым, $Б^1$ и $Б^2$ – к нафтеновым. Нефти типа А содержат нормальные алканы, в нефтях типа Б они отсутствуют.

Нефти типов **$А^2$ и $Б^2$** обладают относительно высокой концентрацией изопреноидных алканов.

Наиболее важным свойством нефти типа **А** является ярко выраженная гомологичность углеводородного состава.

Постадийное изменение нефти (биодеградация) идет по следующей схеме: **$А^1 \rightarrow А^2 \rightarrow Б^2 \rightarrow Б^1$.**

Все типы нефти встречаются в отложениях различного возраста и нередко в пределах одного, обычно многопластового месторождения.

Б. Тиссо и Д.Вельте приводят **классификацию нефти**, основанную на содержании в ней н- и изоалканов (парафинов), циклоалканов (нафтенов) и ароматических компонентов (ароматических углеводородов, смол, асфальтенов), согласно которой выделяются следующие классы нефтей:

- **парафиновые нефти**, содержащие в основном нормальные алканы и изоалканы, содердание серы в них менее 1%;

- **парафино-нафтеновые нефти**, содержащие как алканы, так и циклоалканы, содержание серы менее 1%;

- **ароматико-смешанные нефти**, содержащие менее 50% насыщенных углеводородов и обычно более 1% серы.

На состав нефтей оказывают влияние **эволюция и превращение**. Так, термическая эволюция парафино-нафтеновой нефти приводит ее к преобразованию в парафиновую. Превращение приводит в основном к образованию тяжелых нефтей ароматико-нафтенового или ароматико-асфальтенового класса.

Парафиновые и парафино-нафтеновые нефти обычно деградируют, превращаясь в ароматико-нафтеновые нефти с умеренным содержанием серы ($\leq 1\%$).

Ароматико-смешанные нефти обычно превращаются в ароматико-асфальтеновые нефти с высоким содержанием серы (≥ 1%).

Существует **классификация Смита**, основанная на применении корреляционного индекса (**CI**):

$$\mathbf{CI = 48640/K + 473\ G - 456.8}$$

CI – эмпирическая зависимость между удельным весом G (при 16^0С) и средней температурой фракции (К).

По Смиту самый низкий индекс корреляции (≤25) имеют парафиновые нефти; нефти смешанного состава, нафтеновые и ароматико-нафтеновые имеют соответственно все более высокие индексы корреляции. Значения **CI** ~ 50 характеризуют смесь нафтенов, ароматических соединений и нейтральных смол с парафиновыми боковыми цепями разной длины.

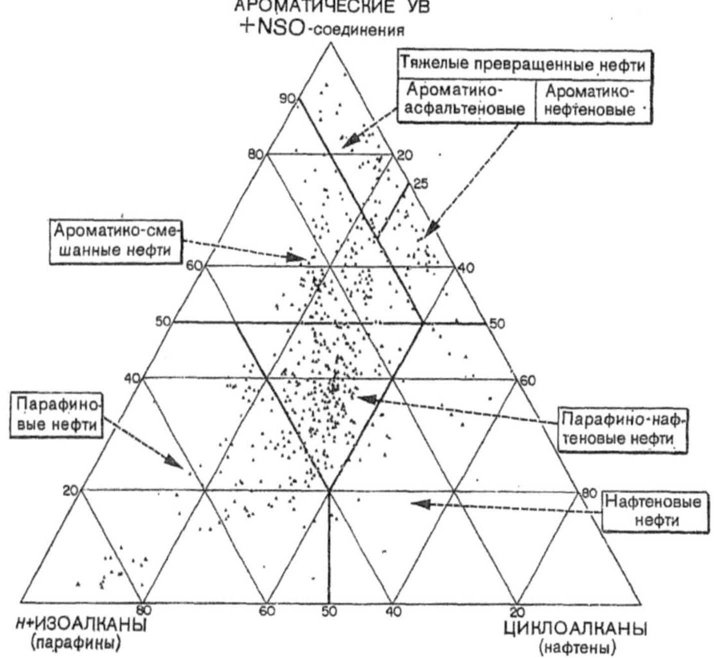

Треугольная диаграмма состава нефтей из 540 месторождений (по Б. Тиссо и Д.Вельте)

1.2.Геохимическая классификация нефти

Несмотря на многообразие природных факторов, влияющих на состав нефти, их основные геохимические характеристики формируются в **ГФН** и связаны с типом исходного нефтематеринского **ОВ**.

Генетические особенности исходного ОВ наиболее ярко проявляются в первичных неизмененных нефтях и сохраняются на протяжении всей геохимической истории нефти.

На этом постулате основан ряд геохимических классификаций, одна из которых предложена **С. Г. Неручевым** с соавторами (1998).

В соответствии с этой **классификацией** по качественному и количественному составам все многообразие нефтей дифференцируется на **три основных фациально-генетических типа – А, Б, В** (табл.1).

Тип нефти А, составляют нефти, источником которых послужило **морское ОВ** (сапропелевое ОВ, восстановительные условия). Нефти сернистые, характеризуются высоким содержанием полицикланов и изоалканов, преобладанием фитана над пристаном, смолистые, с низким содержанием парафина (менее 5 %). Для нефтей этого типа свойственны высокие содержания порфиринов (ванадиевые комплексы).

Тип нефти Б генетически связан с **гумусо-сапропелевым ОВ** умеренно-восстановительных условий. Нефти, так же как и ОВ, имеют смешанный состав.

Это нефти малой и средней сернистости, средней смолистости.

Тип нефти В генетически связан с исходным **ОВ существенно гумусовой природы** (лагунно-морское и озерно-континентальное).

Нефти высокапарафинистые, малосернистые, малосмолистые, обеднены полициклическими соединениями, порфирины практически отсутствуют.

Общими для первичных нефтей всех типов являются: максимальные концентрации унаследованных соединений; низкое содержание легких углеводородов; преобладание среди изопреноидных алканов реликтовых углеводородов пристана и фитана (50 % и более на сумму изопреноидов).

Таблица 1.

Некоторые генетические параметры состава нефти ГЗН

Параметр	Генетический тип нефти		
	А	Б	В
Пристан/фитан	<1	1–2	2–4 и более
Σцг/Σцп	<1	1–2	2–4 и более
эб/Σкс	0,25–0,75	0,15–0,25	0,03–0,15
$К_{изо}$	0,4–0,9	0,3–0,7	0,2–0,3
$К_мС_6$	0,5–0,7	0,3–0,5	0,2–0,3
Максимум н-алканов	C_{15}–C_{19}	C_{15}–C_{22} или (C_{15}–C_{19})+(C_{22}–C_{29})	C_{22}–C_{29}
Коэффициент нечетности н-алканов	<1	1	>1
Сера, % на нефть	<0,5	0,2–0,5	<0,2
Сера/азот	3-15 и более	0,8–3	<1
Парафин, % на нефть	<5	5–7	До 10–20 и более
Порфирины, мг/100 г нефти	40–200	0–35	Отсутствуют или следы
$\delta^{13}C$,‰	–28÷35	–25 ÷ – 30	-24 ÷ – 28

Примечание: Σцг/Σцп – отношение суммы циклогексанов к сумме циклопентанов; эб/Σкс – отношение этиленбензола к сумме ксилолов; $К_{изо}$ - коэффициент изопреноидности; $К_мС_6$ – коэффициент метаморфизма ($К_мС_6$ = н-$С_6$/ (*изо*-$С_6$ + цикланы $С_6$).

1.3. Характеристика различных типов нефти

Рассеянное органическое вещество (РОВ) бывает различного типа: алинового, арконового и смешанного.

Нефтям, генерированным из **ОВ алинового типа**, отвечает относительно **изотопно легкий** углерод (**$\delta^{13}C$= –36,5 –30,5 ‰).**

Нефтям, образованным из **ОВ арконового типа**, испытавшим значительную диагенетическую переработку, **отвечают** более высокие значения отношения пристана к фитану (более 1,5–2) и - **изотопно более тяжелый** углерод (**$\delta^{13}C$=–30,5–26,5 %**).

Таким образом, **нефти,** генерированные ОВ, **арконового и алинового типов, характеризуются** разными значениями показателя пристан/фитан и изотопного состава углерода (**ИСУ**).

***

2. ГЛАВНЫЕ ХАРАКТЕРИСТИКИ НЕФТИ.

Температура кипения. Чем больше атомов углерода входит в состав молекул углеводородных соединений нефти, тем выше их температура кипения (табл. 2).

Таблица 2.

Температура кипения углеводородов (°C)

Количество атомов C в молекуле	Метановые	Нафтеновые		Ароматические	
		с одним циклом	с двумя циклами	с одним циклом	с двумя циклами
C_1	Ё161	–	–	–	–
C_2	Ё89	–	–	–	–
C_4	Ё12÷Ё 0,5	–	–	–	–
C_5	9÷36	49	–	–	–
C_6	50÷69	72÷81	–	80	–
C_9	122÷151	133÷157	166÷169	152÷176	–
C_{10}	137÷174	161÷180	185÷194	167÷205	217
C_{13}	178÷216	193÷229	–	201÷263	252÷267

Теплота сгорания – количество теплоты, выделяемое при сгорании 1 кг топлива. Зависит от состава нефти.

Температура плавления углеводородов и нефти. У метановых углеводородов нормального строения с повышением количества атомов углерода в молекуле, заметно возрастает температура плавления. Так, температура плавления C_5H_{12} – Ё130 °C, $C_{10}H_{22}$ – Ё30 °C, $C_{20}H_{42}$ – + 37 °C, $C_{30}H_{62}$ – + 65 °C. Эти углеводороды встречаются во многих нефтях и, начиная приблизительно с $C_{22}H_{46}$, входят в товарный твердый белый парафин. Содержание высокозастывающих углеводородов в отдельных нефтях очень резко различается. В некоторых оно достигает 15–20 %; чем их больше и чем выше их температура застывания, тем и нефть застывает при более высокой температуре.

Плотность нефти в зависимости от химического состава и количества растворенного газа изменяется от 0,7 до 1 г/см^3. Она возрастает с увеличением содержания смолисто-асфальтеновых соединений.

По плотности нефти разделяются на: легкие – до 0,810 г/см^3; средние – 0,822–0,870 г/см^3; тяжелые – 0,870–,90 г/см^3; очень тяжелые – более 0,900 г/см^3.

При оценке плотности нефти и ее фракций используется символ d_4^{20}, который обозначает, что сравнивается плотность изучаемого продукта при 20 °С с плотностью воды при 4 °С. Смолистые вещества, особенно асфальтены, имеют d_4^{20} около 1,14.

Одно из важнейших свойств нефти – способность растворять углеводородные газы. Поэтому в пластовых условиях плотность нефти ниже, чем в стандартных условиях. Большая часть нефти характеризуется плотностью в пластовых условиях 0,741–0,844 г/см^3, в то время как плотность нефти - разгазированной, составляет 0,835–0,884 г/см^3

Вязкость – способность оказывать сопротивление при перемещении одной части флюида относительно другой. Единица вязкости – Стокс. Для практических целей принята единица вязкости сантиСтокс (1 сСт–вязкость воды при 20 °С).

Растворимость газов в жидких углеводородах и нефти. Вязкость нефти и ее плотность в пластовых условиях зависят в первую очередь от количества растворенного в ней газа. Жидкие углеводороды не в равной степени способны растворять газовые углеводороды. При одинаковом количестве атомов углерода в молекуле жидкого углеводорода и при одном и том же давлении лучше всего растворяют газы метановые углеводороды, затем нафтеновые и хуже всего ароматические. **Свойствами пропана и бутана** растворять смолы, за исключением наиболее тяжелой и асфальтенов, **можно воспользоваться для увеличения нефтеотдачи**.

Оптические свойства. Нефть является оптически активной и способна вращать плоскость поляризованного луча света, люминисцировать, преломлять проходящие лучи. Основными оптически активными компонентами нефти являются полициклические циклоалканы – хемофоссилии. Образование оптически активных веществ характерно для живого ОВ, поэтому оптическая активность нефти часто приводится в качестве доказательства органического источника нефтяных углеводородов.

Химический состав нефти. Основные химические элементы в составе нефти – углерод (83–87 %) и водород (11,5–14,5 %). В гетеросоединениях нефти присутствуют: сера (в среднем в нефти – около 0,01–0,1 %, до 8 % в сернистой и высокосернистой нефти), азот – 0,04–0,6 % (до 1,7 %), кислород – 0,2–7 %, фосфор – до 0,1 %. Суммарное содержание остальных неуглеводородных элементов в нефти обычно менее 1 %.

Углеводородный состав нефти. Различают групповой состав бензиновых фракций нефти и конденсата и структурно-групповой (кольцевой) состав фракций, кипящих при температуре выше 250 °С (рис.1-2).

Кроме углеводородов в нефти присутствуют классы соединений, в состав которых входят **гетероэлементы**. Преимущественно они относятся к фракции **смолисто-асфальтеновых веществ.**

В тяжелой высокосмолистой нефти их содержание достигает **40 %**, такие нефти уже близки по составу к природным асфальтам. Смолисто-асфальтеновые соединения состоят из С, Н (на долю которых приходится 80–95 % молекул) и кислорода. В них почти постоянно присутствуют также S, N и металлы. Это - неуглеводородные битуминозные вещества, включающие все элементы их группового состава, кроме масляной фракции.

Асфальтены **-** темные аморфные порошки с плотностью более 1 г/см^3, молекулярной массой от 1000 до 10 000. Их содержание в нефти обычно менее 1 %. Асфальтены нерастворимы в петролейном эфире и осаждаются им из раствора в бензоле и хлороформе. Под названием **карбенов** иногда выделяют высшие фракции асфальтенов, отличающиеся пониженной растворимостью (не растворяются в бензоле и в CCl_4).

Смолы – полужидкие темно-коричневые или черные вещества с плотностью приблизительно 1 г/см^3, молекулярной массой от 500 до 2000. Различают кислые и нейтральные (силикагелевые) смолы. В зависимости от применяемого для десорбции растворителя различают смолы бензольные, спирто-бензольные и др.

Среди гетеросоединений нефти выделяются: сернистые, кислородные, азотистые и соединения металлов (рис.3-4).

Сернистые соединения представлены меркаптанами, сульфидами, дисульфидами, тиофенами, бензотиофенами и др. Высокосернистые нефти могут залегать в отложениях широкого стратиграфического и глубинного диапазона – от плиоцена до девона на глубинах от нескольких сот метров до 3,5 км.

Азотистые соединения нефти принадлежат к разным классам: соединения основного характера относятся к ряду пиридина, хинолина, изохинолина и их производных, компоненты с пиррольными циклами входят в группы пиррола, индола, карбазола и бензокарбазола. К азотистым соединениям относятся порфирины. Их количество в нефти обычно не превышает 0,1%. Из **гетероэлементов**, помимо азота, в состав порфиринов входят **кислород и металлы** – ванадий или никель. В сернистой нефти преобладают ванадиевые порфирины, в малосернистой – преимущественно никелевые.

Кислородные соединения в нефти представлены органическими кислотами, фенолами (ароматическими спиртами), кетонами и эфирами а также лактонами, ангидридами и гетероциклическими фурановыми производными. Наиболее распространенными являются кислоты и фенолы, которые обладают кислыми свойствами и могут быть экстрагированы из нефти щелочью.

Изотопный состав углерода нефти. В нефти изучаются изотопы углерода, водорода, азота и серы.

Изотопный состав углерода выражается через приращение содержания изотопа ($\delta^{13}C$, ‰) и вычисляется по формуле:

$$\delta^{13}C = [{}^{13}C/{}^{12}C_{\text{образца}} / {}^{13}C/{}^{12}C_{\text{эталона}} - 1] \cdot 1000$$

Положительные значения $\delta^{13}C$ свидетельствуют о бóльшем содержании изотопа ^{13}C в анализируемом образце по сравнению с эталоном, а отрицательные - о меньшем.

Для нефти и конденсатов $\delta^{13}C$ составляет от Ё23 до Ё34 ‰. В нефти разных стратиграфических диапазонов значения $\delta^{13}C$ варьируют от 1,4 ‰ (для древних палеозойских) до 7 ‰ (для молодых мезозойско-кайнозойских). Самый легкий изотопный состав имеют нефти из протерозойских отложений (С. П. Максимова и др.1980 г).

Разные фракции нефти характеризуются своим изотопным составом: содержание ^{13}C увеличивается от парафиновых углеводородов - к ароматическим и далее – к смолам.

***

3. ИЗОПРЕНОИДНЫЕ УГЛЕВОДОРОДЫ НЕФТИ.

Обширные исследования состава нефти позволили идентифицировать в ней более 800 индивидуальных углеводородов.

Среди них важное место занимают изопреноидные углеводороды, являющиеся **биомаркерами нефтей.**

Название **биологические метки** или **хемофоссилии** (химические ископаемые) они получили в связи с сохранением структур, свойственных природным соединениям.

Все изопреноидные углеводороды нефти **могут быть разбиты** на три большие группы: алифатические изопреноиды, алициклические изопреноиды, и изопреноиды, имеющие в своем составе ароматические ядра. Общим свойством большинства нефтяных изопреноидов является их гомологичность, которая связана с особенностями их генезиса.

Алифатические изопреноиды нефтей имеют как регулярные, так и нерегулярные углеродные цепи, и число атомов углерода от девяти до сорока пяти (рис.1).

Циклические изопреноиды нефти характеризуются различным числом циклов в молекуле (от одного до шести). Эти соединения и составляют основу реликтовых углеводородов (**биомаркеров**) нефти (рис.2).

Закономерности качественного и количественного распределения изопреноидных углеводородов в нефти используются для определения типа органического вещества: **морской** (водорослевый, планктонный), **континентальный**, микробиологически **сильно измененный**.

Типичными **показателями морского вещества** являются, например, **высокие концентрации стеранов** (особенно состава C_{27}), **фитана**.

В нефтях, генерированных **континентальным** (растительным) органическим веществом, **преобладает пристан**, отсутствуют стераны и, в то же время, находится такой тритерпан, как, например, **олеанан**, и такие дитерпаны как филлокладан и кауран.

Наличие олеанана в нефти однозначно свидетельствует об участии в ее образовании остатков высших ангиоспермовых растений и, как правило, указывает на озерно-дельтовое происхождение нефтематеринских свит.

Следует отметить, что в УВ-составе нефтей Шамхал-Булакской и смежных структур Предгорного Дагестана по сравнению с таковым битумоидов установлена более высокая относительная концентрация олеанана (олеанан/гопан = 0,25 и 0,11 соответственно) и бисноргопана(бисноргопан/гопан = 0,27…0,44 и 0,05…0,09 соответственно).

Основные биомаркерные параметры показывают на более высокую степень зрелости нефти по сравнению с таковой в битумоиде. Такими параметрами служат терпановый индекс Ts/Tm (4,7-7,3 — в нефтях против 1,15-2,00 — в ОВ пород), стерановый диа-/рег-(0,85-1,13 — в нефтях против 0,51-1,00 — в ОВ пород), Sстераны/Sгопаны (0,82-1,17 — в нефтях против 0,53-0,77 — в ОВ пород), коэффициенты К1 (0,43-0,47 — в нефтях против 0,25-0,41 в ОВ пород) и К2 (0,67-0,70 — в нефтях против 0,52-0,60 — в ОВ пород), неоадиантан/гопан, моретан/гопан и др.

Вероятным объяснением установленных различий в генетических показателях и степени зрелости ОВ пород и нефти может быть миграционный характер последней, что подчеркивает ведущую роль флюидодинамического фактора в сложных процессах формирования УВ - скоплений в вышеуказанном регионе (Соколов Б.А., Яндарбиев Н.Ш., 1999).

Сканирование байкальской нефти по фрагментарному иону m/z 191 и «массовому» иону m/z 412 показало, что в составе тритерпанов, наряду с гопаном и моретаном, может быть идентифицировано еще четыре пятикольчатых структуры с числом атомов углерода C_{30}. Одна из них по времени удерживания может быть однозначно определена как **олеанан,** другая, элюирующая непосредственно за адиантаном, с фрагментом m/z 369 – как диагопан.

Совокупность геохимических данных дает основание утверждать, что источником байкальских нефтей являлось органическое вещество пресноводных водоемов. В нем наряду с остатками живого вещества озерных организмов, значительную роль играли заносимые с суши остатки высшей наземной растительности. Возраст нефтематеринских отложений, судя по наличию в нефтях олеанана, не может быть древнее меловой эпохи, т.е. времени появления на суше ангиоспермовых растений.

На сильную **микробиологическую переработку** органического вещества указывают **высокие концентрации гопанов**, наличие нерегулярных алифатических изопреноидов и пр.

Реликтовые углеводороды успешно используются для определения генетических и эволюционных параметров при изучении условий формирования нефти. Наиболее информативны в этом отношении углеводороды стероидного типа и гопаны.

В нефтях углеводороды стероидного типа присутствуют в виде холестанов, метил-, этилхолестанов и их ароматических аналогов, что является результатом формирования нефтей из исходного ОВ морского типа.

Данные по **относительному распределению углеводородов стероидного типа и гопанов** позволяют **охарактеризовать** тип исходного ОВ, **степень его катагенетической преобразованности**, а также провести **генетическую типизацию** изученных нефтей.

Изопреноидные углеводороды нефтей могут быть использованы и для определения палеообстановок, условий осадконакопления и преобразования органического вещества в нефть.

И, наконец, **изменение стереохимии гопанов** и особенно **стеранов** широко используется **для определения степени «созревания»** (катагенного изменения) органической материи в исследуемых регионах и отложениях до нефтяного уровня. Основано это на том, что исходное (незрелое) органическое вещество всегда имеет природную (биологическую) конфигурацию лабильных хиральных центров. Например, C_{17}, C_{21}, C_{22} в гопанах; C_{14}, C_{17}, C_{20} в стеранах.

Для определения типа исходного ОВ используется, как правило, относительное распределение насыщенных и моноароматических стеранов состав C_{23}-C_{29}, а также триароматических стеранов C_{26}-C_{28}.

Для геохимических целей чаще всего используются и соотношения **изостераны/α-стераны**, называемые иногда **коэффициентом старения** (maturation, созревание). В генетическом плане представляет интерес соотношение $\mathbf{C_{27}:C_{28}:C_{29}}$.

К числу важнейших геохимических характеристик нефти относится распределение стеранов по молекулярной массе, соотношение между α,α,α-стеранами и изостеранами, а также относительная концентрация перегруппированных стеранов.

Высокие концентрации адамантановых углеводородов свидетельствуют о высокой степени термической преобразованности генетических предшественников конденсатов.

Состав адамантанов вполне определенно отражает состав исходного нефтематеринского ОВ и позволяет отличать нефти морского и континентального генезиса.

Адамантаноиды нефтей и конденсатов, несмотря на относительно малую концентрацию, также играют немаловажную роль в вопросах генезиса и химической эволюции нефтей и органического вещества (ОВ).

Интересными с геохимической точки зрения являются и стерановые углеводороды – важнейшие реликтовые углеводороды нефти.

Стерановые углеводороды в земной коре под влиянием каталитического воздействия пород претерпевают ряд интересных структурных и стереохимических превращений, приводящих к получению серии углеводородов, не имеющих аналогов в живой природе и присутствующих лишь в нефтях.

Эти соединения в условиях диа- и катагенеза в земной коре претерпевают сложное постепенное изменение конфигурации нескольких хиральных центров. Эта эпимеризация и является той мерой, которая способна оценить степень катагенетического созревания биоорганических молекул до нефтяного уровня, а, следовательно, и прогнозировать возможности нахождения залежей нефти в конкретных регионах.

Особое значение в химии нефти имеют **углеводороды ряда гопана**, характеризующиеся одинаковой полициклической системой и различающиеся лишь длиной алкильного заместителя, они интересны тем, что присутствуют в нефтях в виде серии гомологов состава **C_{27}–C_{35}**, а не только в виде **гопана** – углеводорода состава **$C_{30}H_{52}$**.

В принципе, название **гопан** применимо лишь к углеводороду состава **C_{30}**; углеводород состава **C_{29}** называют **норметилгопаном или адиантаном**; состава **C_{27}** – **триснорметилгопаном**; состава **C_{31}, C_{32}** и т.д. называются соответственно **гомогопаном, бисгомогопаном** и т.д.

Существует два основных типа гопанов: **нефтяной** (17α,21β) **и биологический** (17β,21β). Кроме гопанов в нефтях встречается еще углеводород под названием **моретан** (17β,21α).

В нефтях, как правило, встречаются лишь следы гопанов, имеющих биологическую конфигурацию. **Главная масса гопанов** представлена углеводородами **17α,21β - нефтяного ряда**.

В нефтях присутствуют также моноциклические, би-, три-, тетра- и пентациклические углеводороды с различными сочленениями колец.

В основе пентациклических изопреноидов лежат структуры пергидропицена и циклопентанопергидрохризена.

Область же применения полициклических и ароматических углеводородов изучена хуже. В настоящее время для геохимических корреляций используются лишь углеводороды рядов нафталина и фенантрена. Между тем наряду с нафталинами и фенантренами в нефти в значительных относительных концентрациях содержатся также углеводороды рядов дифенила и флуорена, использование которых в геохимических целях только начинается.

***

4. ГЕОХИМИЧЕСКИЕ ПОКАЗАТЕЛИ НЕФТИ

4.1. Идентификация нефти по типу ОВ

Для исследователей нефти **интерес представляют** стерановые - **насыщенные тетрациклические углеводороды** - (циклопентанпергидрофенантрены).

Распределение **стерановых УВ**, состава**: C_{27}**- холестан, **C_{28}**-метилхолестан, **C_{29}**-этилхолестан**, является индикатором типа** исходного **ОВ,** т.к. относительное содержание этих гомологов не изменяется по мере созревания ОВ.

Высокие концентрации стеранов и **соотношение** гопан/стеран свидетельствуют о **морском происхождении** ОВ со значительным вкладом планктоногенного и/или бентоносного ОВ.

Доминирование C_{27} свидетельствует о значительном **вкладе водорослей** в ОВ.

Источником C_{29} (этилхолестана) являются **сине-зеленые водоросли** – цианобактерии или другие примитивные формы микроводорослей.

Преобладание C_{29} указывает **на вклад** в нефтематеринское вещество большого количества **ОВ наземной растительности** (высшие растения)- более континентальный облик исходного ОВ.

Судя **по характеру распределения** нормальных алканов и стеранов, они генерированы сапропелевым ОВ, накопившимся в глинистых осадках (высокие концентрации трициклических УВ, состава C_{26} и относительно высокие значения триснорнеогопана к трисноргопану **-T_s/ T_m**) в морском бассейне нормальной солености (низкие концентрации гаммацерана).

Отношение стеранов к гопанам **отражает** вклад **эокариотов** (высшие растения или водоросли) и **прокариотов** (бактерии) в исходное ОВ.

Нефти, генерированные преимущественно из **континентального ОВ**, часто **имеют повышенные концентрации** гаммалупана, олеанана и тетрациклического терпана состава C_{24}.

Концентрации диастеранов **свидетельствуют** о глинистой материнской матрице.

В бассейнах со сверхсоленой фациальной обстановкой **благодаря воздействию** галлофильных бактерий **происходит образование** гаммацерана **C_{30}.**

Повышенное содержание твердых парафинов **свидетельствует о роли** в генерации нефтяных флюидов **ОВ высшей растительности.**

***

4.2. Определение степени катагенеза ОВ

Соотношение T_s / T_m – (отношение более стабильного **триснорнеогопана** к менее стабильному **трисноргопану) -** определяет зрелость, условия отложения осадков, и характеризуют **степень катагенетической преобразованности нефти.**

Соотношение T_s/ T_m- **в незрелой нефти,** достигает значения **1**.

В практике оценки катагенетического превращения ОВ часто используется **диаграмма Кенона-Кассау,** по которой можно узнать о преобразованиях парафинистой нефти**.**

Соотношение Кенона-Кассау **разделяет ОВ** по генетическому типу **на гумусовое** (Pr)/н-C_{17}≥(Ph)/н-C_{18} левая половина графика и **сапропелевое** (Pr)/н-C_{17}≤ (Ph)/н-C_{18} правая половина графика.

Уменьшение величины **отношения** пристан **(Pr)/н-C_{17}** и фитан **(Ph)/н-C_{18}** по графику Кенона-Кассау **указывает** на усиление **катагенеза ОВ.**

Различие в генетических **показателях зрелости** нефти и ОВ пород **указывают на миграционный** характер нефти.

Величина R_0 - отражательной способности витринита **(ОСВ)** традиционно используется в качестве **индикатора** катагенетической превращенности ОВ - (**зрелость нефти**) - **степени катагенеза**.

Термическая зрелость нефти по стерановым-гопановым коэффициентам (их значения не достигают равновесных значений) **соответствует** примерно величине ОСВ **R_o= 0/5-0/8(МК$_1$-МК$_2$).**

Степень зрелости ОВ (**$К_1^{зр}$=0.43-0.59**) отвечает **середине главной фазы** нефтеобразования.

Критерием зрелости является **C_{24}** тетрациклический терпан (17, 21, секогопан C_{24}). Он отсутствует в незрелых образцах нефти, появляется в умеренно зрелой нефти, а в зрелой нефти его концентрация, как правило, значительно превышает концентрацию C_{23}- трициклического терпана (в 1.5-5раз).

В **сверхзрелой** нефти это **превышение** еще больше возрастает и **C_{24}** тетрациклический терпан **может преобладать** даже над 17α(H)-гопаном **C_{30}**.

Высокие значения (≥1) отношения **фитан/н-C_{18},** низкие значения соотношения Σ диастеранов/Σ регулярных стеранов-C_{27}-C_{29} (**диа/рег**) и **T_s/ T_m** **преобладание** в групповом составе изученных образцов **ароматических соединений** свидетельствуют об **обогащенности** материнских **пород,** вмещающих исходное ОВ, **карбонатными материалами**,

Полиароматические УВ, содержащие три и более ароматических колец, **несут информацию** о степени преобразованности.

Состав моноаренов также как и **н-алканов** дает **информацию о типе** исходного органического вещества.

Преобладание низкомолекулярных гомологов **алкилбензолов** и **н-алканов** свидетельствует о большом **вкладе сапропелевого ОВ** в состав исходного материала.

Наличие полициклических структур **характерно для катагенеза** незрелой нефти.

Соотношение четных и нечетных алкилбензолов, **содержание** низко- и высокомолекулярных компонентов **свидетельствует о** преимущественно **морском типе** нефти.

Преобладание метилзамещенных фенантренов наряду с фенантренами над антраценом и метилантраценом **указывает** на большой вклад **сапропелевого типа ОВ** в исходный органический материал.

Высокие значения (≥1) соотношения **высокомолекулярных гомогопанов** по сравнению с низкомолекулярными, например C_{35}(22S+22R) / C_{34}(22S+22R) **указывают на** резко **восстановительные условия** осадконакопления **и диагенеза** $C_{орг}$.

Органические вещества, фоссилизированные в осадках, **являются** важным **показателем** фациальных и климатических **условий осадконакопления**.

При **молекулярной идентичности** нефти можно с большой долей вероятности отнести ее к **единой залежи**.

С увеличением плотности пород **увеличивается** значение таких **геохимических коэффициентов**, как: пристан/н-гептадекан; фитан/н-октадекан, которые характеризуют степень катагенетической преобразованности изучаемых объектов, перераспределение УВ.

Соотношение фитан/н-октадекан **свидетельствует об** условиях **миграции**. Увеличение значения этих коэффициентов указывает на то, что значительная часть мигрантно-способных компонентов уже эмигрировало из породы.

Биодеградированная нефть **приурочена** к отложениям на **малых глубинах** с пластовой температурой не превышающей 70^0С.

На основании **анализа состава** легкокипящих УВ **C_5-C_8** можно **выявлять** биодеградированные образцы нефти уже на начальных стадиях процесса. Изменения в первую очередь наблюдаются в распределении состава н-алканов.

Низкие значения пристан/фитан **указывают** на **восстановительную обстановку** и **повышенную соленость** вод бассейна при отложении осадочного материала.

Связь между концентрацией **азота** в нефти (для средней юры) и величиной **отношения** пристан/фитан **характеризует** окислительно-восстановительные условия (**О-В**) в условиях накопления нефтематеринского вещества.

Нефть, **обедненная** микроэлементами (**МЭ),** как правило, изначально **связана с гумусовым типом** исходного ОВ.

На содержание и соотношение МЭ **могут влиять** ряд факторов:

- **дифференциация** МЭ в процессе накопления, диагенеза и катагенеза органических остатков;

- **миграция** образующейся нефти в ловушки;

- **обменные процессы** МЭ нефти и пород залежи.

V/Cu – показатель степени катагенетической преобразованности нефти – **при катагенезе** значение его **снижается** от 200÷70 до 70÷0.07.

Металлопорфирины можно использовать для **идентификации** нефтематеринских **толщ.**

Ванадилпорфирины свидетельствуют **о морских условиях** седиментации **исходного ОВ** и благоприятных условиях его накопления и сохранения.

4.3. Биомаркеры - показатели генезиса нефти.

В **нефти и ОВ** обнаружено и идентифицировано свыше 300 **биомаркеров**, из которых, примерно третья часть используется для всевозможных геохимических корреляций.

Пристан – (Pr)- $C_{19}H_{40}$- (2, 6, 10, 14 – тетраметилпентадекан) в соответствии с существующими представлениями **повышенное содержание** пристана в составе изопреноидных УВ характерно для нефтей, генетически связанных с ОВ, обогащенным **зоопланктоном** или остатками **высшей растительности.**

Фитан – (Ph)- $C_{20}H_{42}$ – (2, 6, 10, 14 – тетраметилгексадекан) в соответствии с существующими представлениями **повышенное содержание** фитана в составе изопреноидных УВ нефтей и битумоидов РОВ свидетельствует об их генетической связи с исходным веществом, обогащенным **фитопланктоном**.

Отношение **пристан / фитан** рассматривается как один из основных генетических показателей несущих **информацию** об особенностях химического **состава исходного** живого **вещества.**

Предполагается, что значение отношения **менее единицы** характерно для нефтей и битумоидов РОВ, генетически связанных с исходным ОВ, **обогащенным фитопланктоном**, а значение **более единицы** свидетельствует о существенной примеси к исходному ОВ **зоопланктонового материала**.

Отношение пристан/фитан **отражает** интенсивность **эмиграции УВ.**

Высокие значения отношения **пристан/фитан** характеризуют нефти типично **континентального** генезиса.

Отношение пристан/фитан=**0.5** характерно для нефти с **прибрежно-морским ОВ** с большим привносом континентального материала.

Отношение пристан/фитан **– 0.6÷1.0** свойственно для **аквагенного ОВ**.

Отношение пристан/фитан = **1.35,** указывает на большой вклад в исходное **ОВ наземной растительности**.

Увеличение отношения пристан/фитан **вверх по разрезу** (0.64 → 1.72) **указывает** на **сменяемость** восстановительной **обстановки** на окислительную.

Отношение пристан/фитан **≥ 1 ≤ 2** типично для **нефти морского или смешанного** генезиса - сапропелево-гумусового.

Отношение пристан/фитан **≤2**, **указывает на** накопление исходного ОВ нефти **в восстановительных** условиях.

Биомаркеры (полициклические) **подтверждают** генезис нефти из смешанного **сапропелево-гумусового ОВ**, образовавшегося в прибрежно-морской обстановке осадконакопления.

Нефти, исходное ОВ которых отлагалось в окислительных фациях **Pr/Ph ≥2**, содержат **меньше** органического **азота**.

Нефти с отношением **пристан/фитан ≥10** встречаются крайне **редко**, но наиболее часто – в бассейнах Тихоокеанского пояса.

Величина отношения **Pr/Ph** в нефти, **месторождений** России, **увеличивается** с глубиной залегания.

Гумусовое ОВ **раньше генерирует** жидкие **УВ**, чем **сапропелевое.** Подтверждением этому является преобладание гумусовой составляющей в ОВ.

По мнению многих **авторов** повышенные концентрации **БТ** (бензотиофен) и **ДБТ** (дибензотиофен) являются хорошим **индикатором** резко восстановительных обстановок **диагенеза** карбонатного осадконакопления в высокоминерализованных и гиперсоленых бассейнах.

Легкий изотопный состав углерода **(ИСУ)** карбонатных пород ($\delta^{13}C_{карб}$ до 17.6%) может служить косвенным **признаком** огромных объемов **накопления** ОВ и **генерации** УВ.

Данные по **соотношению изопреноидных УВ** и изотопный состав нефти могут быть использованы в качестве геохимических **показателей** их **генетической** принадлежности и для установления **источника генерации**. Это позволяет более обоснованно проводить направленные поиски залежей УВ определенного состава.

Низкое содержание ванадилпорфиринов и серы и **наличие** никелевых порфиринов и периленов **свидетельствуют** о сильной **окислительной** обстановке и **диагенезе** исходного ОВ.

4.4. Геохимический прогноз

В практике **геохимического прогноза** получил широкое распространение метод **пиролиза** на приборе **Rock-Eval**, который позволяет оценить остаточный генерационный потенциал (HI, мг УВ/г Сорг), уровень зрелости и фазово-генетический тип (ФГТ) УВ, качество и степень преобразованности ОВ, тип керогена.

На снимке (**пирограмма**) полученном на приборе **Rock-Eval**, при пиролизе S_1 - указывает на низкотемпературный пик, а S_2 – на высокотемпературный пик. При температуре пиролиза (Tmax) от 380 до 430^{0}С отмечается общая тенденция увеличения степени преобразованности с глубиной залегания.

Водородный индекс – (HI) (более 600 мг УВ/Сорг) **свидетельствует** о начальном **нефтегазоматеринском** потенциале (80-160 мг УВ/г Сорг).

Низкие значения **HI** объясняются **отсутствием в** пластах-коллекторах достаточно заметных концентраций **органического вещества** и его **керогена.** Исчезающе низкие содержания последнего дают и крайне малые показатели этого индекса.

Метод **Эрдмана-Морриса** можно использовать **для** корреляции нефти с целью **выяснения направленности** формирования нефти.

По методу Эрдмана-Морриса определяют **состав бензина**, несущий генетическую информативность.

Уменьшение значения отношения **Zn/Co** в связи с уменьшением содержания Zn свидетельствует **о биодеградации нефти**.

Радиоактивные элементы - надежные **индикаторы преобразования** пород **над** месторождениями УВ.

Относительное содержание бензола (**К**$_a$), рассчитываемое, как отношение содержания двух УВ бензиновой фракции – бензола к 2,4 диметилпентану, может быть использовано для представления об условиях формирования, источниках и путях перемещения УВ, а также дает возможность обнаружить их местоскопление вдоль направления миграции, что **может служить** одним из **критериев поиска месторождений нефти и газа**.

Геохимические **преобразования нефти** происходят на двух основных стадиях: **катагенеза** (термолиз и термокатализ) и **гипергенеза** (окисление, микробиальное преобразования).

С геологической точки зрения **на состав нефти влияют** глубина залегания залежи, возраст нефти, гидрогеологические условия, вещественно-структурные и текстурные особенности вмещающих пород.

Изменение состава **карбазолов** (метил-, диметил-, триметил- и бензокарбазол) позволяет судить о **направлении миграции** нефтяных флюидов.

Определение в нефти **окрашенных веществ** (ОКВ), которые интенсивно сорбируются горными породами во время ее перемещения дает, возможность проследить **направление миграции нефти.**

4.5. Зависимость параметров нефти от возраста

Результаты анализа возрастных **зависимостей содержания смол и асфальтенов** в нефти (50 стран Евразии) **от возраста пород** обнаруживают следующие особенности:

- количество залежей **малосмолистой** нефти – протерозой и мезозой, в палеозое и кайнозое их количество одинаково;

- количество залежей **высокосмолистой** нефти - больше всего в палеозое и кайнозое;

- количество залежей **малоасфальтеновой** нефти – больше всего в протерозое, мезозое, кайнозое, а меньше – в палеозое.

- количество залежей **среднеасфальтеновой** нефти – мезозой, а в протерозое, кайнозое их количество практически не меняется;

- количество залежей **высокоасфальтеновой** нефти - наиболее в палеозое, наименее – в мезозое.

В пределах одного НГБ можно проследить определенную **тенденцию к изотопному облегчению углерода нефти с увеличением глубины залегания и возраста** вмещающих отложений. Однако наблюдаемое **изотопное облегчение углерода, вероятно, обусловлено** не столько увеличением глубины залегания (и возраста) продуктивных отложений, сколько **изменением типа исходного ОВ.**

***

5. НЕФТЕГАЗОНОСНОСТЬ И ГЕОХИМИЧЕСКИЕ МЕТОДЫ ПОИСКА НЕФТИ И ГАЗА

Теоретическую **основу геохимических поисков нефти и газа** составляют осадочно-миграционная концепция происхождения нефти и учение о миграции химических элементов в земной коре.

Известны следующие **классификации геохимических исследований**:

- по критериям нефтегазоносности (прямые или косвенные);
- по условиям проведения работ (методы с отбором проб и последующим анализом УВ в лаборатории);
- условия и методы с использованием переносного полевого оборудования;
- по среде опробования.

С геохимической точки зрения для **оценки перспектив нефтегазоносности** необходимо иметь базу геохимических данных, включающую информацию о содержании органического вещества ОВ, $C_{орг}$, типе ОВ, степени преобразованности.

Основу геохимических методов поиска нефти и газа **составляют** исследования **прямых и косвенных признаков нефтегазоносности**.

Прямые:

- повышение концентрации парафинов C_2-C_{10};
- повышение концентрации ароматических УВ;
- высокие отношения УВ предельные / непредельные;
- тяжелый изотопный состав углерода метана.

Косвенные:

- повышение концентрации CO_2;
- избыточный N_2 , H_2;
- дефицит O_2;
- продукты взаимодействия УВГ с породами (сера, вторичный пирит и др.);
- УВ окисляющие бактерии (метан-этанокисляющие);
- повышение концентрации гелия;
- отсутствие корреляционной связи между $C_{орг}$ и газообразными УВ;
- металлометрия;
- pH – Eh метрия.

Таким образом, к **признакам нефтегазоносности** относятся, прежде всего:

- повышенные концентрации предельных углеводородов (в залежах УВ подавляющими компонентами являются предельные формы, непредельные УВ в залежах не обнаружены);

- ароматические УВ являются прямыми индикаторами нефти на глубине;

- утяжеленный изотопный состав углерода метана (в залежах УВ δC^{13} CH_4 составляет менее -50‰.

***

6. ГЕНЕРАЦИЯ НЕФТИ

Генерация нефтяных углеводородов из исходного органического вещества (ОВ) связана с рядом химических процессов, основными из которых являются реакции изомеризации, перераспределения водорода и деструкции.

Образующиеся в результате этих процессов углеводороды можно разделить на два основных типа: сохранившие основные черты строения исходных биосинтезируемых молекул (реликтовые или биомаркеры) и - строение которых невозможно связать с каким-либо биологическим предшественником.

А. Э. Конторовичем и С. Г. Неручевым (1971 г.) выделены следующие фазы процесса генерации нефти в едином цикле нефтеобразования в осадочной породе: **1)** созревания потенциально нефтепроизводящих отложений; **2)** начала и прогрессивного развития нефтеобразования; **3)** главная фаза нефтеобразования; **4)** затухания нефтеобразования; **5)** существования нефтепроизводивших отложений. В настоящее время эти положения являются практически общепризнанными.

В **ГФН** формируется нефть, в составе которой наиболее полно наследуются фрагменты химической структуры исходного **ОВ.**

Согласно осадочно-миграционной теории происхождения нефти (по Н. Б. Вассоевичу, 1986):

1. Исходным материнским веществом является углеводородистое ОВ субаквальных седиментитов (седикахиты);
2. Главным фактором генерации основной массы нефти служит тепло недр;
3. ГФН протекает в течение длительного времени в интервале температур 115 ±60 ºС.

Такие условия возникают в осадочно-породных бассейнах, поэтому можно утверждать, что нефть – детище литогенеза, а ее родина – осадочно-породный бассейн.

Углеводороды в доманикитах представлены почти исключительно нефтью.

В последнее время достаточно определенно наметились контуры общей теории нефтегазоносности недр. Ее главные положения сводятся к следующему.

Нефть и природные углеводородные газы в подавляющей массе образуются за счет сложного многоступенчатого преобразования рассеянного органического вещества **(РОВ)**, которое накапливалось и накапливается, как составная часть осадочных горных пород в разновозрастных водных бассейнах, преимущественно морских, реже – озерных. В процессах превращения РОВ осадочных пород в жидкие и газообразные углеводороды, наряду с внутренней энергией осадка и содержащегося в нем РОВ, важную роль играет энергия глубинных недр Земли.

Более 90 % **ОВ** в осадочных породах составляют остатки простейших микроорганизмов типа бактерий, сине - зеленых и диатомовых водорослей и организмов, относящихся к фито- и зоопланктону. Согласно концепции стадийности процессов нефтеобразования, в процессе погружения осадочных отложений происходят преобразования, содержащегося в них ОВ под действием сначала бактерий (**стадия диагенеза**), а затем возрастающей температуры (**стадия катагенеза**). Структура **ОВ** при этом становится более устойчивой за счет полимеризации и поликонденсации молекул. В итоге **РОВ** осадка превращается в **кероген**. Последующий прогрев погружающихся пород обусловливает термическое разложение **керогена**, при котором возникают средне- и низкомолекулярные углеводороды, способные к миграции и получившие название **микронефти** (первичной нефти). Одновременно происходит образование жирных газов. Многочисленные исследования показали, что **ОВ нефтематеринских отложений генерирует нефть** в значительных количествах лишь **при достижении** ими **глубин 2–4 км и более, где температура недр составляет 80-150 °С.**

В пределах карбонатных резервуаров нефтегазоконденсатных и газоконденсатных месторождений обнаружена новая разновидность углеводородного сырья - **матричная нефть,** которая относится к трудно извлекаемым ресурсам.

Матричная нефть - первичный продукт эволюционных преобразований органической компоненты карбонатно-органического полимера (**КОП**) на этапе **протокатагенеза** и на начальных стадиях **мезокатагенеза**, в то же время очаг аморфных **КОП** активно улавливает и удерживает продукты углеводородной дегазации Земли.

Матричная нефть (**МН**), помимо ее ценности как углеводородного сырья и уникальных свойств ее **высокомолекулярных компонентов** (**ВМК**), **содержит** практически **всю таблицу Менделеева.** Чем более **незрелой** является **МН**, тем **больше** содержится в ней **ВМК** и тем **меньше жидких УВ**. С **увеличением степени зрелости МН**, т.е. с увеличением степени преобразованности ВМК в ряду асфальтены – смолы – масла - более легкие жидкие УВ, в ней **увеличивается процентное содержание жидких УВ**, уменьшается содержание ВМК, и матричная нефть становится жидкой и потенциально подвижной.

Матричная нефть содержит **аномально высокие** концентрации биогенных и абиогенных **металлов и микроэлементов** (цинк-20 г/т, стронций-10 кг/т, тантал- 10 г/т, галлий- до 200 г/т и др.), что объясняется как **способностью живого вещества аккумулировать различные химические элементы** из среды обитания, так и **аномальными сорбционными особенностями высокомолекулярных компонентов КОП**, что позволяет им удерживать диффундирующие из мантии микроэлементы и соединения.

Процесс преобразования РОВ в глубинном интервале действия этих температур называется **главной фазой нефтеобразования (ГФН)**. В разрезе осадочного бассейна ей соответствует **главная зона нефтеобразования(ГЗН)**, в которой осадочные породы генерируют нефть. **Породы** с нефтегенерационным потенциалом, еще **не достигшие ГЗН**, являются **незрелыми** (для генерации нефти) и **могут продуцировать только газ**.

В **ГЗН** нефтематеринские породы становятся **зрелыми** и соответственно **нефтепроизводящими**, они формируют **очаг нефтеобразования**. Когда в процессе дальнейшего погружения эти породы достигают глубин 4–6 км и бóлее, с температурами 150-250ºС, нефтеобразование сменяется интенсивным газообразованием. Эта зона называется главной зоной газообразования (**ГЗГ**).

Нефтегазоматеринские породы могут полностью реализовать свой генерационный потенциал, лишь достигнув глубин 3–7 км и более.

Нефтегазообразование обусловлено не только **количеством и качеством** (морское, наземное или смешанное) **ОВ материнских пород, но и скоростью погружения этих пород и интенсивностью их прогрева**.

Эвакуация углеводородов, образовавшихся в материнской толще, длительный геологический процесс, занимающий, по мнению многих геологов, от **2 до 10 млн. лет.**

Генерация нефти и газа происходит в большом температурном диапазоне:

- разрыв связи С-С, С=С и продуктов уплотнения живого вещества растительного происхождения ($Т_{лаб}$ менее 465^{0}С-$Т_{палео}$ менее 140^{0}С);

- разрыв связи С-О из продуктов уплотнения живого вещества животного происхождения ($Т_{лаб}$ менее 460-650^{0}С-$Т_{палео}$ до 200^{0}С);

- разрушение двух частей хлорофилла ($Т_{лаб}$ 700-900^{0}С- $Т_{палео}$ до 360^{0}С);

Образование нефти и газа – закономерный результат взаимодействия оболочек Земли: **биосферы, гидросферы, литосферы и верхней мантии.**

***

7. Фингерпринт нефти

Происхождение нефти - актуальная проблема нефтяной геологии. Несмотря на то, что проблемой происхождения нефти ученые занимаются более 200 лет, некоторые вопросы до сих пор остаются дискуссионными. Вместе с тем, от правильного ответа на вопросы нефтеобразования зависит эффективность проведения поисково-разведочных работ на нефть и газ, как в отдельных регионах, так и во всем мире.

Нефть и нефтепродукты являются очень сложной смесью тысяч индивидуальных компонентов, главным образом углеводородов с примесью сера- азот- и кислородсодержащих соединений, кислот, фенолов, а также металлоорганических комплексов.

Многообразие индивидуальных соединений, входящих в состав нефти и нефтепродуктов, требует комплексного химико-аналитического подхода к изучению качественных характеристик исследуемых проб нефтепродуктов, что обычно усложняет задачу идентификации, а с другой стороны, позволяет выявить отличия нефтепродуктов из разных источников даже если они имеют общий геологический генезис (для сырой нефти), либо относятся к одному виду нефтепродуктов.

При разведке и добыче углеводородов имеется необходимость в определении состава нефти для определения ее происхождения и свойств. Анализ образцов нефти, который отражает состав образца и который может быть распознан, известен в данной области как **фингерпринтинг**. Имеется множество известных способов фингерпринтинга.

Исследования последних лет с полной убедительностью показали, что наиболее детальное и всестороннее изучение свойств нефтей может быть выполнено путем изучения законов распределения параметров физико-химических свойств нефтей различных регионов. Знание этих законов позволяет наиболее объективно использовать геохимическую информацию, как в теоретических, так и в прикладных аспектах.

Многолетние геохимические исследования нефтей Азербайджана дали возможность накопить большое количество данных по углеводородному (УВ) и гетерокомпонентному (ГК) составам, биомаркерам и изотопному составу углерода нефтей.

В связи с этим интересно рассмотреть накопленные данные с позиций использования геохимических показателей, как **фингерпринтов** нефтей месторождений Азербайджана.

В связи с этим, был изучен общий характер распределения обнаруженных элементов в золе нефтей.

Для прослеживания изменений содержания ряда МЭ по простиранию на месторождениях Южно-Каспийской впадины были составлены карты распределения МЭ, зольности нефтей с помощью изолиний, названных изозолами. Впервые термин «изозолы» был применен в целях характеристики элементного состава нефтей (рис.1).

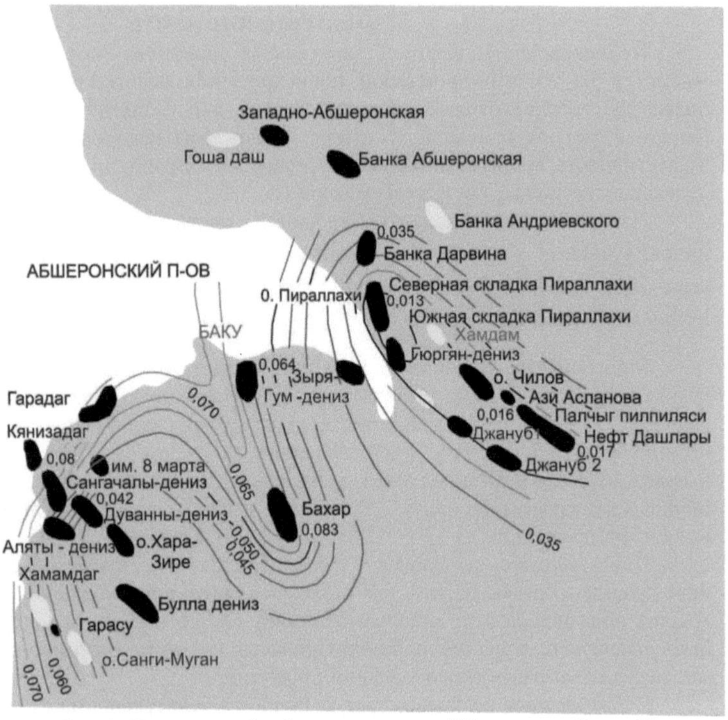

Рис.1. Изозолы нефтей месторождений Западного борта Каспия.

Закономерности пространственного размещения нефтеносных структур в определенной мере отражаются в характере изозол. Наибольшая кучность линий изозол отмечена в районе Бакинского архипеллага, в пределах месторождения Сангачалы – Дуванный – о.Булла. Наибольшее расхождение отмечено в районе о.Песчаный и Бахар. Характерной изозолой для Западного борта Южно-Каспийской впадины является изозола со значением 0.04. Данное значение изолинии является фингерпринтом месторождений нефти Западного борта Южно-Каспийской впадины.

Известно, что МЭ не достигают состояния насыщения и не находятся в равновесии с основной массой нефти. Учитывая это, с использованием статистического метода для изучения закона распределения гетерокомпонентов нефти были построены гистограммы, которые оказались асимметричными.

Для преобразования асимметричных гистограмм в симметричные их преобразовали в логарифмическом масштабе по оси абсцисс. Если построенная таким образом кривая симметрична, то это свидетельствует о ее близости к логнормальной. На рис.2 приведены гистограммы содержания МЭ в нефтях Апшеронского архипелага по мере убывания их концентраций.

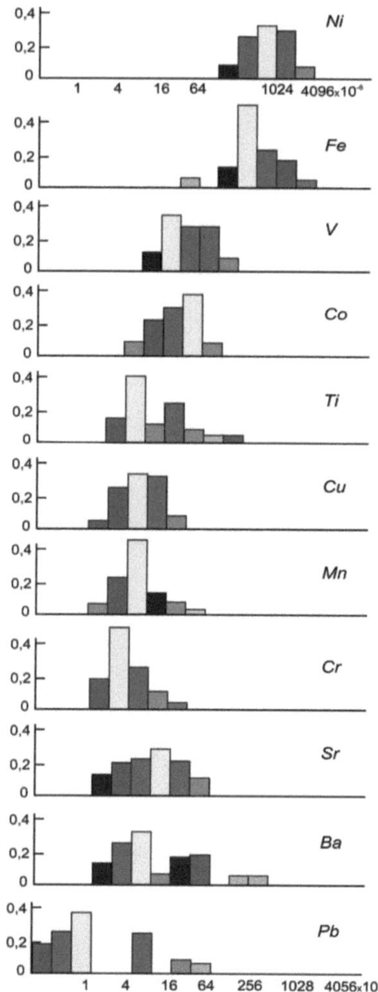

Рис.2. Гистограммы распределений содержания МЭ в нефтях Апшеронского архипелага.

Одновременно были составлены и концентрационные ряды:

Нефт Дашлары Ni> Fe> V> Co> Cu> Mn> Cr

Палчыг Пилпиляси Ni> Fe> V> Co> Cu> Mn> Cr

Дарвин- кюпеси Ni> Fe> V> Co> Cu> Mn> Cr

Пираллахы-Дениз Ni> Fe> V> Co> Cu> Mn> Cr

Гюргяны-Дениз Ni> Fe> V> Co> Mn > Cu > Cr

Мишовдаг Ni> Fe> Ti >V> Cr >Mn> Cu

Сангачалы-Дениз Fe >Ni> Cu> Co> Mn> V >Cr

Дуванны-Дениз Fe> Ni> Cu> Mn> V> Co >Cr

Гум-Дениз Fe> Ni >Mn> Cu> Co >Cr >V

Бахар Fe> Ni >Cu >Mn> Cr >Co >V

Кюровдаг Fe> Ni >Cr >V> Mn >Ti >Cu

Кюрсанги Fe> Ni >V> Cr> Mn >Ti>Cu

Карабаглы Fe> Ni> V >Mn> Cr >Ti> Cu

По концентрационным рядам, в свою очередь, были выявлены основные компоненты нефтяной золы: никель, железо, ванадий и хром (кобальт), а по преобладающим элементам были выделены типы нефтей: никелевый и железистый.

К первому типу были отнесены нефти месторождений: Нефт дашлары, Палчыг Пилпиляси, Дарвин кюпеси, Пираллахы-Дениз, Гюргян-Дениз. Ко второму: Гум-Дениз, Бахар, Сангачал-Дениз, Дуванны-Дениз.

Таким образом, знание законов распределения свойств нефтей позволит объективно использовать геохимическую информацию и делать необходимые теоретические построения, а также установить элементы – индикаторы, определяющие принадлежность этой нефти к определенным стратиграфическим единицам для прогнозирования структур, содержащих аналогичную нефть.

Установлено, что нефти морских месторождений Азербайджана занимают ведущее место среди нефтей, залегающих в третичных отложениях, по содержанию никеля.

Табл.3

Геохимические параметры нефтей Азербайджана

Месторождение	Уд.вес,г/см^3	V/Ni	Fe/Ni	C_{27}	C_{28}	C_{29}	T_s/T_m	$I_{олеанана}$
Нефт Дашлары	0.8715	0.73	0.75	32.2	34.3	33.7	0.05	0.09
Палчыг пилпиляси	0.9215	0.06	0.58	21.8	39.0	39.2	-	-
Дарвин-кюпеси	0.9205	0.06	0.60	22.4	23.5	27.6	-	-
Пираллахы-Дениз	0.9135	0.07	0.60	31.2	38.0	35.4	0.95	0.05
Гюргян-Дениз	0.8945	0.06	0.72	33.5	26.1	40.4	-	-
Апшерон-кюпеси	0.923	0.83	-	40.0	27.7	32.3	0.36	0.14
Сангачал-дениз	0.830	0.5	-	37.3	30.1	32.6	0.32	0.05
Гум-дениз	0.807	1.0	-	27.9	30.8	41.3	0.96	0.11
Каламаддин	0.898	0.09	-	33.1	32.9	34.0	0.95	0.15
Дуванны-дениз	0.884	0.2	-	31.7	34.6	33.6	0.43	0.08
Кюровдаг	0.876	0.26	-	35.1	33.1	31.8	0.75	0.10

Кюрсангя	0.894	0.21	-	35.3	31.0	33.7	0.66	0.09
Карабаглы	0.893	0.36	-	34.6	32.7	32.7	0.63	0.09
Мишовдаг	0.915	0.21	-	32.2	34.5	33.3	0.87	0.11
Нефтчала	0.925	0.03	-	33.1	31.9	35.0	0.85	0.09
Пирсагат	0.936	0.04	-	32.1	35.2	30.7	0.90	0.07
Хыллы	0.889	0.1	-	34.3	34.9	30.8	0.87	0.12

Также выявлено, что отношение V/Ni в исследуемых нефтях, как в большинстве палеоген-неогеновых, меньше единицы. Нефти данного типа существенно преобразованы процессами катагенеза и приурочены, в основном, к молодым платформам.

Отличительной особенностью нефтей морских месторождений Азербайджана является преобладание никеля и железа над ванадием.

Подытоживая полученные результаты, необходимо отметить, что относительное постоянство отношений V/Ni и Fe/ Ni , наблюдающееся в нефтях нижнего отдела ПТ и учитывая, что относительные концентрации металлов-индикаторов являются независимыми параметрами, то вышеуказанные отношения могут иметь корреляционное значение при идентификации нефтей (табл.3).

Использование отношений V/Ni и Fe/Ni и их величин, как надежных геохимических индикаторов при решении геолого-геохимических проблем отражено во многих профильных работах.

Таким образом типизация нефтей на никелевые и железистые, наличие основных компонентов золы нефтей Ni, Fe, V, Cr (Co), а также относительное постоянство отношений V/Ni и Fe/Ni в нефтях нижнего отдела ПТ морских месторождений могут рассматриваться в качестве геохимических индикаторов и являться фингерпринтами для нефтей морских месторождений Азербайджана.

Учитывая, что МЭ находятся в нефтях в разных формах, одной из которых являются металлпорфириновые комплесы (МПК), сохраняющие свой УВ скелет в течение длительного геологического времени, была рассмотрена возможность использования МПК, как геохимических индикаторов.

Для исследуемых нефтей установлено наличие, в основном, никель-порфиринового комплекса, что также соответствует преобладанию содержанию никеля над ванадием.

Такое распределение МПК в нефтях соответствует количеству в них смолисто-асфальтеновых компонентов и постоянству отношений V/Ni и Fe/ Ni нижнего отдела ПТ и может быть использовано в качестве геохимического индикатора в выявлении отделов ПТ (Багир-заде Ф.М. 1989).

Рассмотрены также результаты изучения стабильных изотопов суммарного углерода нефтей и углерода их алкановой и ароматической фракций, как по месторождениям, так и по регионам ЮКВ .

По значению изотопных отношений углерода δ13С исследованные нефти также подразделяются на два типа: изотопно-легкие со значениями δ13С -28.0‰ ÷ -27.0‰ по суммарному углероду и -29.1‰ ÷ -27.0‰ по углероду алкановой фракции: изотопно-утяжеленные -26.5‰ ÷ -24.0‰ и -26.5‰ ÷ -24.5‰ соответственно суммарному углероду и углероду алкановой фракции.

Как известно, тетрациклические изопреноиды составляют наиболее обширную группу углеводородов нефти, в которой наиболее информативными при решении геохимических задач, являются стерановые углеводороды.

Важнейшие реликтовые углеводороды нефти – стераны являются своеобразными индикаторами типа нефти и ОВ. Так, в условиях диа- и катагенеза в земной коре они претерпевают сложное постепенное изменение конфигурации нескольких хиральных центров. Именно эта эпимеризация является мерой оценки степени катагенетического созревания биоорганических молекул до нефтяного уровня, что дает возможность прогнозирования залежей нефти в отдельных регионах.

В нефтях Азербайджана было исследовано распределение нормальных стеранов C_{27} (холестан), C_{28} (метилхолестан), C_{29} (этилхолестан); их значения менялись в пределах: C_{27} от 21.8 до 40.0 , C_{28} от 23.5 до 39.0 , C_{29} от 27.6 до 41.3. Данные по их содержанию и преобладание C_{29} (этилхолестана) для нефтей Азербайджана свидетельствуют о внесении в нефтематеринское вещество большого количества наземной растительности, что придает более континентальный облик исходному ОВ (табл.1). Такое распределение стеранов наблюдается и в нефтях Ангаро-Ленской ступени Сибирской платформы и нефти Куюмской скважины.

Для нефтей Азербайджана отмечено низкое содержание олеанана (0.05÷0.15) , что также может быть использовано в качестве их фингерпринта.

В ходе исследований было проведено сопоставление средних содержаний МЭ в золе нефтей и в глинах, установлены элементы-индикаторы, позволяющие определить принадлежность нефти к конкретным стратиграфическим единицам и прогнозировать структуры, содержащие аналогичную нефть. Для сравнения характеристики элементного состава золы нефтей и нефтеносных толщ были использованы средние значения содержания того или иного элемента в золе нефти и величины вычисленных коэффициентов $К_к$, где К соответствует кларку элементов в глинистых породах по В.И. Вернадскому (рис. 4). Для сравнения были использованы данные по кайнозойским нефтям других регионов.

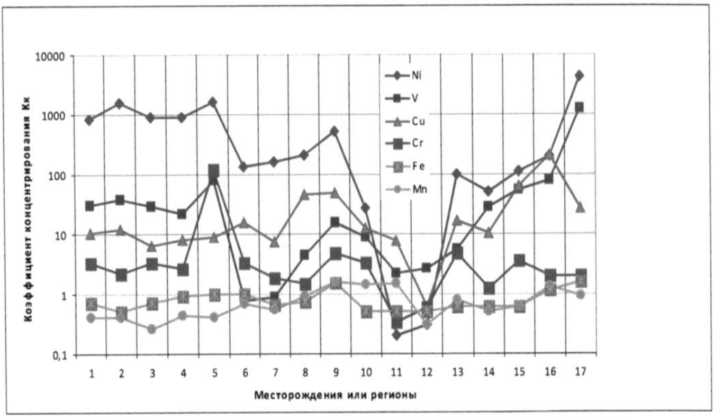

Рис. 3. Коэффициенты концентрация элементов (Кк) по месторождениям или регионам

Глинистые породы выбраны потому, что во-первых, они наиболее обогащены МЭ по сравнению с другими осадочными породами, во-вторых на их долю в различных нефтегазоносных бассейнах приходится обычно более 30% разреза осадочного чехла и, в-третьих, среди всех осадочных пород глины занимают ведущее место по концентрации рассеянного ОВ.

По преобладающим элементам можно выделить следующие типы азербайджанских нефтей: никелевый (Нефт Дашлары, Палчыг Пилпиляси, банка Дарвина, Пираллахи, Гюргян-дениз), железистый (Гум, Бахар, Сангачалы-дениз, Дуванны-дениз и месторождения Туркмении).

При всем разнообразии геолого-геохимических условий для изученных нефтей сохраняется общий признак – величина отношения V/Ni, как в большинстве палеоген-неогеновых нефтей, меньше единицы, что может служить генетическим признаком, позволяющим производить сопоставление различных нефтей. Относительное постоянство отношений V/Ni и Fe/Ni в нефтях нижнего отдела продуктивной толщи морских месторождений Азербайджана также имеет корреляционное значение.

***

8. Стратиграфическая шкала

Вопрос нефтегазогеологического районирования территории Азербайджанской республики имеет большое значение для научно-обоснованного выбора направлений и методов геолого-геофизических, поисково-разведочных работ, а также осуществления корректной оценки углеводородных ресурсов.

Все выявленные залежи нефти и газа, сгруппированные в зонах нефтегазонакопления, приурочены к определенным стратиграфическим комплексам и типам геотектонических элементов. В Азербайджане нефтегазоносными являются мезозойские, палеоген-миоценовые и плиоценовые комплексы отложений.

При проведении поисково-разведочных работ на нефть и газ, при изучении нефтегазоносности территорий и для проведения научно-исследовательских работ геохимического профиля возникает необходимость в использовании стратиграфической шкалы.

Ниже представлена сводная стратиграфическая колонка Азербайджана.

СВОДНАЯ СТРАТИГРАФИЧЕСКАЯ КОЛОНКА АЗЕРБАЙДЖАНА

ЭРАТЕМА	СИСТЕМА	ОТДЕЛ, ПОДОТДЕЛ		НАДЪЯРУС, ЯРУС	ПОДЪЯРУСЫ, СВИТЫ, ПОДСВИТЫ, НАДГОРИЗОНТЫ, ПАНКИ, СЛОИ		
Кайнозойская KZ	Четвертичная Q	Голоцен Q_H				Новокаспийский горизонт Q_H^{nk}	
						Верхнехвалынский горизонт $Q_{III}^{hv_2}$	
		Плейстоцен	Верхний Q_{III}		Хвалынский Q_{III}^{hv}	Нижнехвалынский горизонт $Q_{III}^{hv_1}$	
						Верхнехазарский горизонт $Q_{III}^{hz_2}$	
			Средний Q_{II}		Хазарский Q_{II}^{hz}	Нижнехазарский (Гюргянский) горизонт $Q_{II}^{hz_1}$	
			Нижний Q_I		Бакинский Q_I^b	Верхний $Q_I^{b_2}$	
						Нижний $Q_I^{b_1}$	
					Тюркянский Q_I^t		
		Эоплейстоцен		Апшеронский $N_2 ap$		Верхний $N_2 ap_3$	
						Средний $N_2 ap_2$	
						Нижний $N_2 ap_1$	
	Неогеновая N	Плиоцен N_2	Верхний N_2^2	Акчагыльский $N_2 ak$			
			Нижний N_2^1	Продуктивная толща $N_2^1 pr$ (Балаханский ярус)	Верхний $N_2^1 pr_2$	Сураханская свита	Ширакская свита N_{1-2}^{sh}
						Сабунчинская свита	
						Балаханская свита	
						Свита "перерыва"	
					Нижний $N_2^1 pr_1$	Надкирмакинская глинистая свита НКГ	
						Надкирмакинская песчаная свита НКП	
						Кирмакинская свита КС	
						Подкирмакинская свита ПК	
						Калинская свита КаС	
		Миоцен N_1	Верхний N_1^3	Понтический $N_1 p$		Верхний $N_1 p_3$	
						Средний $N_1 p_2$	
						Нижний $N_1 p_1$	
				Мэотический $N_1 m$		Верхний $N_1 m_3$	Диатомовая свита N_1^{d}
						Средний $N_1 m_2$	
						Нижний $N_1 m_1$	
				Сарматский $N_1 s$	Верхний $N_1 s_3$	Херсонский горизонт	
						Ростовский горизонт	
						Средний $N_1 s_2$	
						Нижний $N_1 s_1$	
			Средний N_1^2	Конкский горизонт			
				Караганский горизонт			
				Чокракский горизонт			
				Тарханский горизонт			

Эра	Система	Отдел	Ярус		Свита / слои
Мезозойская MZ	Юрская J	Средний J_2	Келловейский J_2k		Хинапугская свита J_2h
					Дживанская свита J_2d
			Ааленский J_2a		Карзунская свита J_2k
					Мелиджинская свита $J_{1-2}m$
		Нижний J_1	Тоарский J_1t		Гудурская свита J_1g
			Плинсбахский J_1p		
			Синемюрский J_1s		
			Геттангский J_1g		
	Триасовая T	Верхний T_3	Рэтский T_3r		
			Норийский T_3n		
			Карнийский T_3k		
		Средний T_2	Ладинский T_2l		
			Анизийский T_2a		
		Нижний T_1	Оленекский T_1o	Кампильский T_1k	
			Индский T_1i	Сейсский T_1s	
Палеозойская PZ	Пермская P	Верхний P_2	Дорашам (Чангсинский)	Гваделупский P_2g	
			Джульфа (Вучапинский)	Джульфинский P_2d	
			Мидия (Капитенский)		
			Мургаб (Вордский)		
			Кубергандинский (Роудский)		
		Нижний P_1	Кунгурский P_1k		
			Артинский P_1a		
			Сакмарский P_1s		
			Ассельский P_1a		
	Каменноугольная C	Верхний C_3	Гжельский C_3g		
			Касимовский C_3k		
		Средний C_2	Московский C_2m		
			Башкирский C_2b		
		Нижний C_1	Серпуховский C_1s		
			Визейский C_1v		
			Турнейский C_1t		
	Девонская D	Верхний D_3	Фаменский D_3fm		
			Франский D_3f		
		Средний D_2	Живетский D_2gv		Даханские слои
					Садаракские слои
			Эйфельский D_2ef		
		Нижний D_1	Эмсский D_1e		
			Зигенский D_1z		
			Жединский D_1zh		

***

9. ПРИЛОЖЕНИЕ

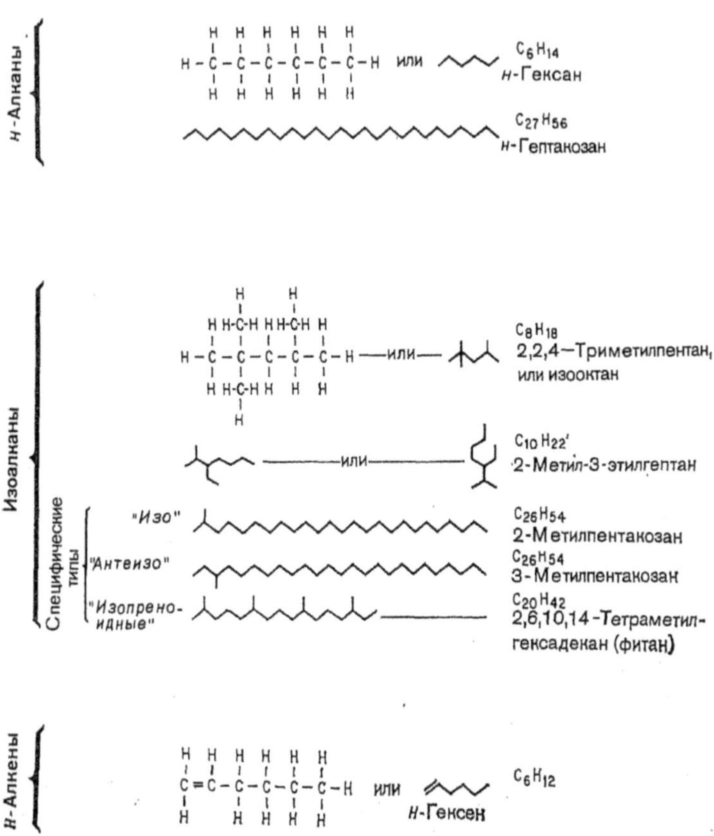

Рис.4. Примеры алканов и алкенов, найденных в нефтях

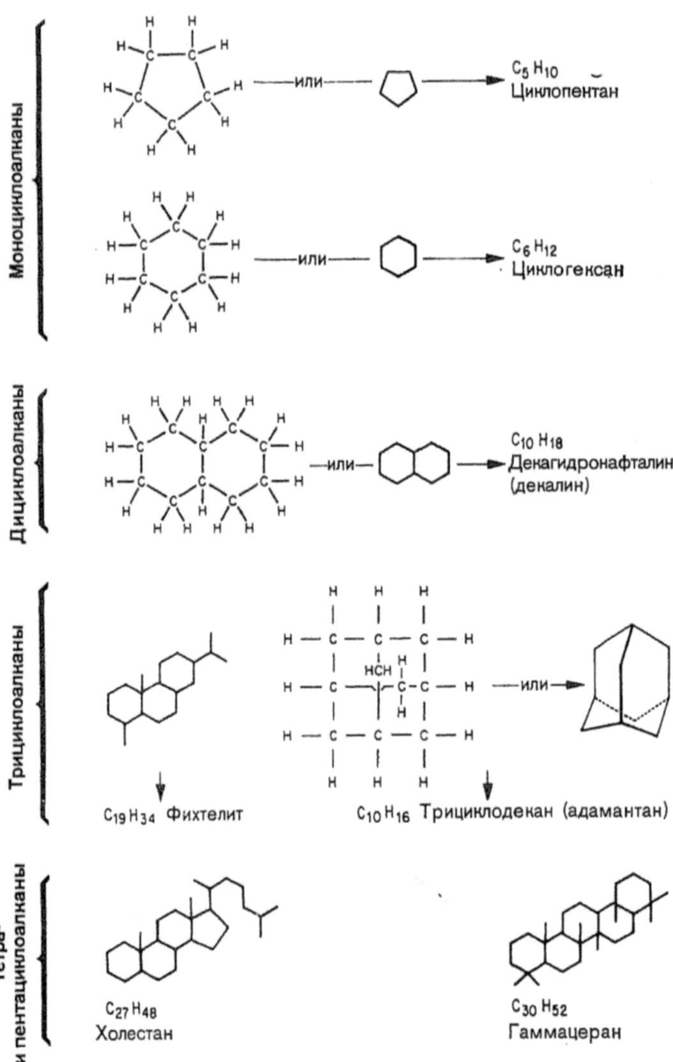

Рис.5. Примеры циклоалканов, выявленных в нефтях

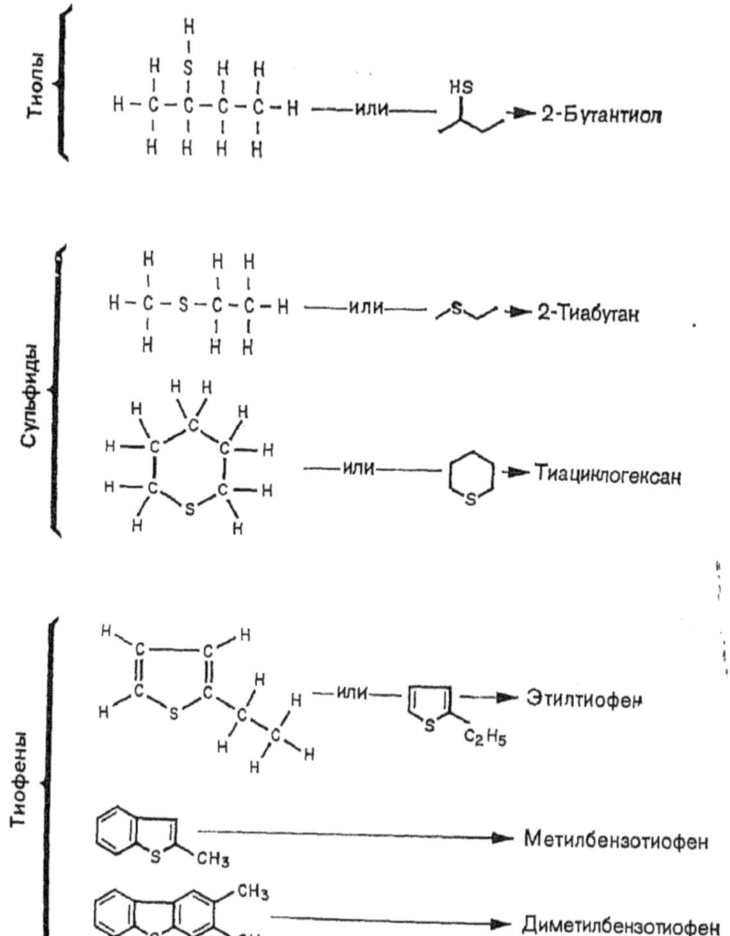

Тиолы

—или— 2-Бутантиол

Сульфиды

—или— 2-Тиабутан

—или— Тиациклогексан

Тиофены

—или— Этилтиофен

Метилбензотиофен

Диметилбензотиофен

Рис.6. Примеры сернистых соединений, найденных в нефти

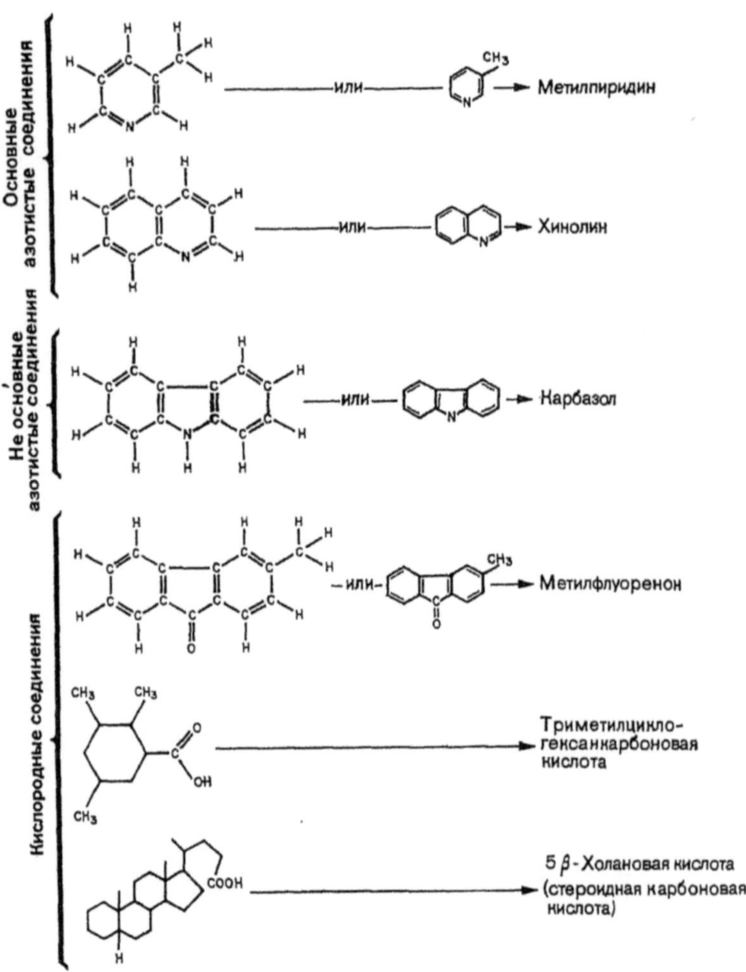

Рис.7. Примеры азотистых и кислородных

соединений в нефтях

Примеры биомаркеров, найденных в нефтях

Табл.4.

№	Название	Стереохимическая индикация	Молекулярная формула	Масса	Температура кипения	Структурная формула
1.	Фитан	2,6,10,14-тетраметилгекса-декан	$C_{20}H_{42}$	282.55	от 69 до 71 ° C	H_3C … CH_3 CH_3 CH_3 CH_3 CH_3
2.	Пристан	2, 6, 10, 14-тетраметилпента-декан	$C_{19}H_{40}$	268.51	296 ° C	H_3C CH_3 H_3C H_3C H_3C CH_3
3.	Бисгомо-гопан	17α(H),21β(H)-(22RS)-	$C_{32}H_{56}$	440,79	470.5°C	H H H H
4.	Гомогопан	17α(H),21β(H)-(22R+S)	(C_{31}-C_{35}) $C_{31}H_{54}$	426,76	470.5°C	H H H H H
5.	Биогопан	17α(H)-22,29,30-триснорметил-гопан	$C_{27}H_{46}$	370.65	424.48° C	H H H H
6.	Гопаны (стераны)	5α,14α,17α20R 5β,14β,17β 20S(R)	$C_{30}H_{52}$	412.73	457,4°C	

7.	Индан	Бензоцикло-пентан	C_9H_{10}	118.17	176.5°C	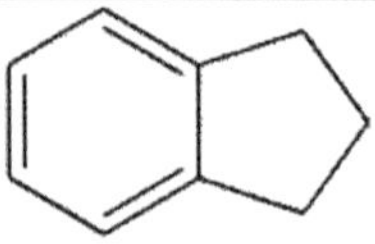
8.	Адаман-тан	трицикло[3.3.1.1] декан	$C_{10}H_{16}$	136,23	268°C (плавление)	
9.	Диаман-тан	Пентацикло [7.3.1.1.0.0] тетрадекан	$C_{14}H_{20}$	188.31	269.5°C	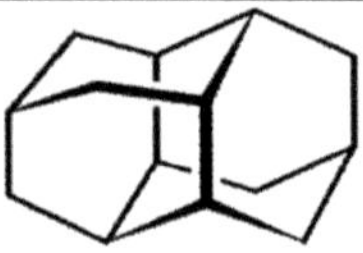
10	Терпен (нитенин)	(3Z)-5-[(1E)-5-(3-Фурил)-2-метил-1-пентен-1-ил]-3-[3-(3-фурил)пропилиден]дигидро-2(3H)-фуранон	$C_{21}H_{24}O_4$	340.41	493,664° C	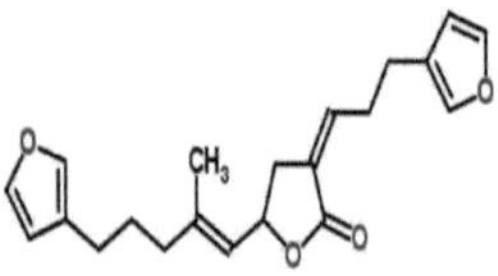 CH3 O O O O
11	Прегнан	(8*S*,9*S*,0*S*,13*R*,14*S*,17*S*) 17-этил-10,13-диметил-2,3,4,5,6,7,8,9,11,12, 14,15,16,17-тетрадекагидро-1 *H* -циклопента[α] фенантрен	$C_{21}H_{36}$	288,51	362.281° C	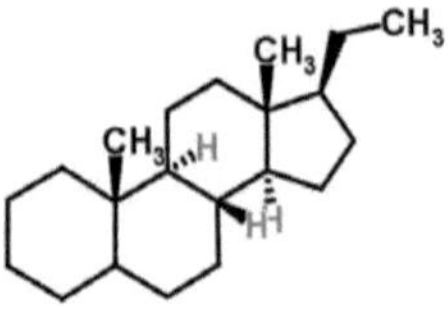 CH3 CH3 CH3 H H
12	Гомопре-гнан	1-этил-10α, 12α -диметил-1,2,3,4,4α,4β Гексадекагидро-хрезен	$C_{22}H_{38}$	302,53	-	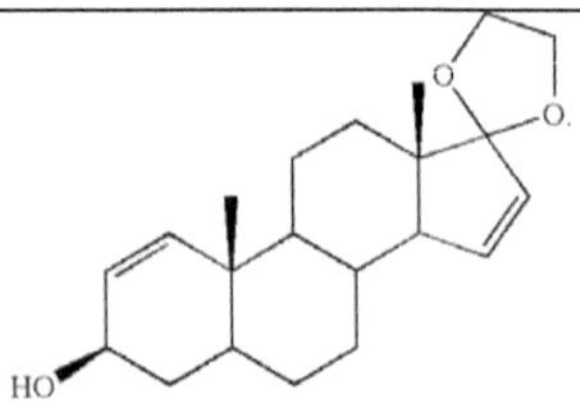 O O HO

13	α-холе- стан	5 α,14 α,17 α,20R 5 α,14 β,17 α,20S	$C_{27}H_{48}$	372.6 7	440.9°C	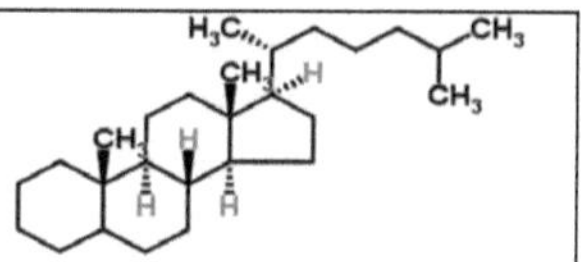
14	Диахоле -стан	10 α13β,17α,20S 10 α13β,17α,20R	$C_{27}H_{48}$	372.6 7	440.946 °C	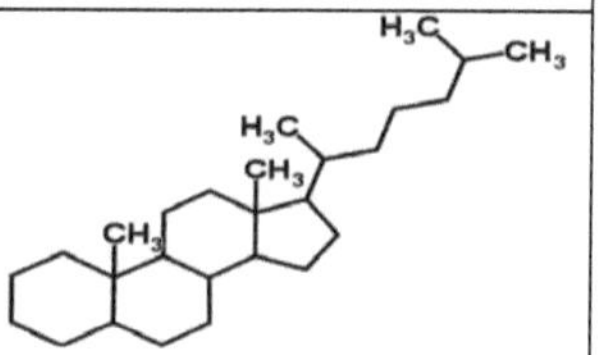

Углеводородные биомаркеры представлены соединениями трех основных классов: **алканами** (н-алканы, изопреноиды, 2М-, 3М-, 12М-, 13М-алканы и др.), полициклическими **нафтенами** (хейлантаны, стераны, гопаны и другие тритерпаны) и **аренами** (нафталины, фенантрены, моно- и триароматические стероиды и др.),гетероатомными соединениями из числа биомаркеров являются некоторые кислородные (карбоновые кислоты, фенолы), азотистые (порфирины, гомологи пиррола и пиридина) и сернистые (сульфиды, тиоспирты, тиофены) соединения.

***

10. ТЕРМИНЫ, ИСПОЛЬЗУЕМЫЕ В ГЕОХИМИИ НЕФТИ

Апокатагенез (АК) – подстадия катагенеза. Приблизительная температура подстадии до 300^0С.

Автохтон – основание тектонического покрова, залегающего под надвинутыми на него горными породами.

Ароматические углеводороды (арены)– углеводороды, молекулы которых содержат одно или несколько бензольных колец.

Асфальтены – группа битуминозных веществ, нерастворимых в петролейном эфире и осаждающихся им из раствора в бензоле и хлороформе;

Аэробное окисление - гипергенный процесс – окисления, протекающего при условии обогащения кислородом.

Анаэробное окисление - биодеградация - протекает при наличии бактерий, окисляющих углеводороды.

Аутиген – компонент осадочной горной породы, образовавшийся на месте нахождения. Эти компоненты могут быть сингенетичными или эпигенетичными.

Биодеградация - биохимическое окисление – селективное потребление определенных углеводородов микроорганизмами.

Биомаркеры – реликтовые углеводороды - молекулярные ископаемые, ранее живущих организмов, которые встречаются в сырой нефти и в экстракте нефтяной материнской породы. Спектр реликтовых углеводородов (УВ) широк: циклические и ациклические. К числу реликтовых УВ ациклического типа относятся алканы нормального строения, 12 и 13 метилалканы, а также циклические изопреноиды. Биомаркеры, циклического типа представлены хейлантанами (C_{19}- C_{31}), стеранами (C_{27}-C_{29}) и гопанами (C_{27}-C35).

Битумоиды – вещества, извлекаемые из горной породы органическими растворителями. В их состав входят метановые, нафтеновые, ароматические углеводороды, смолы, асфальтены.

Витринит – группа микрокомпонентов ОВ, исходным материалом которых послужили остатки высших растений, окисленные в процессе разложения лигнино - целлюлозных тканей, в седиментогенезе и диагенезе. Витринит является основным микрокомпонентом некоторых классов гумусовых углей и РОВ пород.

Водородный индекс (HI) – свидетельствует о начальном нефтегазоматеринском потенциале (мг УВ/гСорг).

Газ жирный – природный углеводородный газ, характеризующийся повышенным содержанием тяжелых углеводородов.

Газ попутный – находящийся в нефтяной залежи в растворенном в нефти состоянии.

Газ свободный – находящийся в свободном состоянии в подземных условиях над насыщенными газами пластовой водой или нефтью.

Газ сухой – природный углеводородный газ, характеризующийся резким преобладанием метана.

Газовый фактор (ГФ) – количество газа, выделившегося из 1 т нефти при атмосферных условиях.

Газогидраты – твердые скопления (клатраты), в которых молекулы газа заполняют пустоты кристаллической решетки, образованной молекулами воды с помощью водородной связи (при низких температурах и повышенном давлении). Их общая формула **$M \cdot H_2O$,** где М – молекула газа – гидратообразователя.

Газоконденсаты – природная система взаиморастворенных газообразных и легкокипящих жидких нефтяных углеводородов, находящихся в термодинамических условиях земных недр в газообразном или парообразном фазовом состоянии.

Геохимическая фация – комплекс отложений, характеризующихся одинаковой изначальной геохимической характеристикой или сходными условиями преобразования ОВ.

Геохимические методы поиска – выявление полезных ископаемых на основе изучения распределения и распространения элементов или соединений в горных породах, водах, атмосфере, растительных и животных организмах и их взаимосвязи с геологическими объектами (полезными ископаемыми).

Геохимические методы поиска нефти и газа – выявление прямых и косвенных признаков нефтегазоносности. В их основе – выявление различных ореолов рассеяния вокруг залежей нефти и газа.

Гипергенез – поверхностные или близповерхностные изменения горных пород в совокупности с содержащимися в них флюидами, связанные с воздействием атмосферных агентов (кислорода, воды, углекислоты).

Главная зона газообразования (ГЗГ) – часть разреза осадочного бассейна, характеризующаяся максимальными масштабами и скоростями газообразования.

Главная зона нефтеобразования (ГЗН) – часть разреза осадочного бассейна, характеризующаяся максимальными скоростями генерации жидких углеводородов.

Главная фаза газообразования (ГФГ) – этап газообразования, характеризующийся максимальными скоростями генерации газовых углеводородов.

Главная фаза нефтеобразования (ГФН) – этап в едином цикле процессов нефтеобразования, характеризующийся максимальной скоростью генерации нефтяных углеводородов.

Гумин – фракции рассеянного органического вещества (РОВ) современных осадков и почв, нерастворимые в органических растворителях, неокисляющих кислотах и щелочах.

Гуминовые кислоты – темноокрашенные органические соединения, возникающие при биохимической трансформации ОВ как за счет лигнина или целлюлозы, так и в результате преобразования белков и углеводов отмерших организмов.

Диагенез – преобразование осадка в осадочную горную породу в процессе уплотнения и физико-химического уравновешивания среды. Выделяют ранний диагенез, когда главными являются окислительно-восстановительные процессы, и поздний диагенез, когда решающую роль играет выравнивание концентрации ионов в поровых водах, приводящее к образованию конкреций.

Доманикиты (нефтематеринские породы) – высокобитуминозные кремнисто-глинисто-карбонатные толщи морского биогенного автохтонного генезиса. Эти отложения рассматриваются как нефтегазоносные и даже газоносные. Углеводороды в доманикитах представлены почти исключительно нефтью.

Изомеры – соединения с одинаковым числом атомов углерода и различным строением углеводородной цепи.

Изопреноиды – обширный класс природных соединений, углеродный скелет которых довольно стабилен в химическом и биохимическом отношениях и способен сохранять основные черты своей молекулярной структуры в процессе посмертного преобразования и захоронения РОВ. Изопреноиды относятся (наряду с порфиринами) к числу важнейших хемофоссилий, широко представленных в нефти.

Изотопы – атомы одного и того же химического элемента с разными массовыми числами.

Изотопный состав углерода (ИСУ) нефти - углерод нефти по изотопному составу близок к углероду органического вещества растительного и животного происхождения и имеет шесть изотопов, однако геохимическими значениями наделены только три изотопа. Наибольшее значение имеют соотношения стабильных изотопов углерода $\delta^{12}C$ и $\delta^{13}C$.

Положительные значения $\delta^{13}C$ свидетельствуют о бóльшем, а отрицательные – о меньшем содержании изотопа ^{13}C в анализируемом образце, по сравнению с эталоном.

Карбены – высшие фракции асфальтенов нерастворимые на холоде в бензоле и четыреххлористом углероде (CCl_4).

Карбин (аллотропное видоизменение углерода) – искусственное соединение, состоит из полимерных линейных молекул, атомы углерода связаны чередующимися простыми и кратными связями.

Катагенез – процессы изменения отдельных составных частей горной породы, происходящие без привноса вещества из внешних источников. Это стадия изменения осадочных пород, следующая за **диагенезом** и предшествующая **метаморфизму**, которая характеризуется интенсивным их уплотнением под влиянием давления и частичным преобразованием устойчивых, главным образом терригенных и аутигенных, компонентов пород. Включает следующие подстадии: протокатагенез (ПК), мезокатагенез (МК) и апокатагенез (АК).

Каустобиолиты – горючие полезные ископаемые.

Различают каустобиолиты **нефтяного ряда** – это все разновидности нефти, горючие углеводородные газы, мальты, асфальты, озокерит, битумоиды; каустобиолиты **угольного или гумусового ряда**; **липтобиолиты** (органические соединения, наиболее устойчивые компоненты растительного ОВ – ископаемые смолы, воски, стерины, споронины и т. д., например, янтарь, тасманит).

Кероген – фракции ОВ горючих сланцев и РОВ пород, нерастворимые в органических растворителях, неокисляющих кислотах и щелочах.

Конденсат – жидкая фаза газоконденсатной системы, образующаяся при ее охлаждении и снижении давления до атмосферного.

Конденсат стабильный – состоящий только из жидких углеводородов (от пентана и выше), получают из сырого путем его дегазации.

Конденсат сырой – углеводороды, находящиеся при стандартных условиях в жидком состоянии, с растворенными в них газообразными компонентами (CH_4, C_2H_6, C_3H_8 , бутаны).

Конденсатность – содержание жидких углеводородов в газе в пластовых условиях (см^3/м^3, г/м^3).

Конкреции – различные по форме стяжения, состоящие из аутигенных минералов и отличающиеся по составу от вмещающей осадочной породы.

Кремнистые породы – силициты

Литогенез – совокупность процессов образования и эволюции осадочных горных пород до превращения их в метаморфические.

Матричная нефть – это минерально-биогенная углеводородная система, генетически и структурно **связанная с матрицей резервуара**, формирование и эволюция которой происходила в **пределах единого очага** (in situ). Она состоит из углеводородных и неуглеводородных соединений, содержит значительное количество сингенетичных высокомолекулярных компонентов (асфальтенов, смол, парафинов, масел), аномально высокие концентрации уникального комплекса микроэлементов и металлов и включает гигантские количества сорбированных метана, этана, пропана и конденсата.

Мезокатагенез (МК) – подстадия катагенеза. Приблизительная температура – до 200-220^{0}С.

Метаморфизм – преобразование пород под действием высокой температуры и (или) высокого давления, заключающееся в полной или частичной смене первичных минералов новыми – метаморфическими - минералами, обладающими, как правило, большей плотностью.

Микронефть (по Н. Б. Вассоевичу) – самая миграционно-способная, наиболее восстановленная и нейтральная часть автохтонных битумоидов (в основном масляной их фракции), состоящая из смеси углеводородов и растворенных в ней низкомолекулярных смол.

Нафтены (циклоалканы или циклопарафины) – углеводороды, молекулы которых содержат один или несколько циклов (нафтеновых колец), состоящих из атомов углерода: **моноциклические** (C_nH_{2n}), **бициклические** (C_nH_{2n-2}), **трициклические** (C_nH_{2n-4}).

Нафтиды (по В. Н. Муратову) - битумы нефтяного ряда, включающие как собственно нефти, так и все их природные дериваты. В настоящее время к ним относят углеводородные газы, конденсаты, нефти и их естественные производные (мальты, асфальты, асфальтиты, озокериты и т. д.).

Нерастворимое органическое вещество (НОВ) – небитуминозная часть РОВ, представленная высококонденсированными карбоциклическими структурами, нерастворимая в низкокипящих органических растворителях.

Нефтегазоматеринская (или нефтематеринская) **свита** – парагенетическая ассоциация, обогащенных автохтонным ОВ пород, рождающая в процессе литогенеза жидкие и газообразные углеводороды, способные к аккумуляции.

Нефтематеринские породы («черные сланцы») – тонкозернистые отложения, генерировавшие и выделившие количество углеводородов, достаточное для образования промышленных залежей нефти или газа.

Нефть – вязкая жидкость темно-коричневого, чаще черного цвета, иногда почти бесцветная, жирная на ощупь, состоящая из смеси различных углеводородных соединений. **В состав** нефти **входят** три группы углеводородов: **метановые** (парафиновые, алканы), **нафтеновые** (цикланы, полиметилены) и **ароматические**. Кроме того, в них содержатся сернистые, кислородные и другие соединения. Нефти разнообразны по консистенции – от жидкой, до - густой, смолообразной.

Нефть (по Н. Б. Вассоевичу) – аккумуляция широко распространенных в стратисфере и, первоначально рассеянных в осадочных горных породах жидких (в основном) гидрофобных продуктов фоссилизации ОВ, возникавших и изменявшихся на разных стадиях литогенеза, преимущественно на стадиях катагенеза.

Окисление нефти – процесс противоположный термокаталитическому. Различают аэробное и анаэробное окисление.

Олеанан – тритерпен - природный высокомолекулярный углеводород, источником которого является высшая наземная растительность (ангиоспермовые растения) – показатель возраста нефтематеринских отложений.

Органическое вещество (ОВ) – органические компоненты в форме мономеров и полимеров, а также морфологически оформленные гумины, которые возникают прямо или косвенно из живого вещества. Преобладающими в осадках и осадочных породах являются рассеянные формы органического вещества (РОВ).

Осадконакопление – процесс накопления осадков. Различают осадконакопление морское и континентальное.

Парафины (алканы) $\mathbf{C_2H_{2n+2}}$ – углеводороды, в молекулах которых атомы углерода соединены в прямые или разветвленные цепи одинарными связями. Парафины с неразветвленной цепью называются нормальными парафинами (н-парафинами, н-алканами), парафины с разветвленной цепью – изопарафинами (изоалканами).

Пиролиз – разложение вещества под воздействием высоких температур.

Порфирины – тетрациклические азотистые соединения, генетически связанные с пигментами живого вещества и присутствующие в составе органического вещества осадочных пород и в нефти в форме металлокомплексов ванадия, никеля и редко меди.

Пристан – (2, 6, 10, 14) – тетраметилпентадекан – **изоалкан** $\mathbf{C_{19}H_{40}}$, с регулярным чередованием метильных групп, один из гидрированных аналогов природных ациклических (с открытой цепью) изопреноидов.

Прокариоты – безъядерные организмы: бактерии и сине-зеленые водоросли. Все остальные организмы относятся к экариотам.

Протокатагенез (ПК) – подстадия катагенеза. Приблизительная температура до 90-100^{0}С.

Силициты – кремнистые породы.

Степень зрелости ОВ ($К_1^{зр}$=0.43-0.59) отвечает середине главной фазы нефтеобразования.

Седикахиты – органическое вещество современных и ископаемых осадков – седиментитов.

Седиментация – процесс образования осадка в осадочном бассейне путем перехода осадочного материала из подвижного в неподвижное состояние.

Седиментиты – осадки и неметаморфизованные осадочные породы.

Седиментогенез - осадконакопление – процесс выпадения осадка на дно водоема до наступления стадии диагенеза.

Смолы – полужидкие темно-коричневые или черные битуминозные вещества с плотностью приблизительно 1 г/см^3, молекулярной массой от 500 до 2000. В зависимости от применяемого для адсорбции растворителя различают смолы бензольные, спирто-бензольные и др.

Стратиграфическая шкала – шкала последовательных и соподчиненных стратиграфических подразделений, запечатлевших этапы геологической истории Земли. Различают стратиграфическую шкалу общую, региональную и местную.

Субаквальные седиментиты – подводные осадконакопления.

Терриген – обломочная горная порода – образованная на суше в результате разрушения горной породы и затем накопленной в седиментационном бассейне.

Фингерпринт (дактилоскопия нефти) - определение ключевых биомаркеров для геохимии нефтяных месторождений, промышленного смешивания и использования нефтяной пленки. Определение ключевых показателей химического состава предоставляет сведения об источнике месторождения, уровне смешивания и причину утечки нефти в трубопроводах и производственной системе. Такие данные необходимы для планирования протяженности и размера месторождения, что позволяет оптимизировать совместную добычу и минимизировать стоимость рекультивации.

Фингерпринтинг известен как анализ образцов нефти, отражающий состав образца, который может быть распознан. Имеется множество известных способов фингерпринтинга. В настоящее время при анализе нефтяных углеводородов используется широкий спектр инструментальных методов, которые включают: газовую хроматографию (GC), хромато-масс-спектрометрию (GC-MS), высокоэффективную жидкостную хроматографию (ВЭЖХ), ИК-спектроскопию (IR), сверхкритическую флюидную хроматографию (SFC), тонкослойную хроматографию (ТСХ), ультрафиолетовую (УФ) и флуоресцентную спектроскопию, изотопную масс-спектрометрию и термогравиметрию.

Фитан – (2, 6, 10, 14 тетраметилгексадекан) – **изоалкан** $C_{20}H_{42}$ с регулярным чередованием метильных групп, один из гидрированных аналогов природных ациклических (с открытой цепью) изопреноидов.

Флюиды – циркулирующие в земных недрах растворы, а также воды, жидкие УВ и газы, с различной степенью их насыщения друг в друге в определенных термобарических условиях. При этом водные растворы в критическом и сверхкритическом состояниях превращаются в газы, в связи с чем, на некоторой глубине флюиды могут существовать только в газообразном состоянии.

Хемофоссилии – (полициклические циклоалканы) - молекулярные структуры, которые создаются растениями и животными и через РОВ осадка и породы переходят в формируемые ими углеводороды, претерпевая незначительные изменения до достижения зон высоких температур.

Экариоты – организмы, клетки которых имеют ядра. К ним относятся все организмы, кроме бактерий и сине-зеленых водорослей, принадлежащих к прокариотам.

Эпигенез – вторичные минералогические и структурные изменения осадочных горных пород в совокупности с изменениями содержащихся в них флюидов (воды, нефти и газа).

***

11. ИСПОЛЬЗОВАННАЯ И РЕКОМЕНДУЕМАЯ ЛИТЕРАТУРА

1. Алиев М.М. Избранные труды. Баку. 2008. 241 с.
2. Айдогиев А., Сергиенко С.Р. – Строение и закономерности распределения углеводородов в нефтях месторождений Западного Туркменистана. Нефтехимия, 1991, т. 31, №6, с. 737-742.
3. Арефьев О.А., Русинова Г.В., Петров Ал. А. Биомаркеры нефтей восточных регионов России // Нефтехимия. 1996. Т. 36. № 4. С. 291−303.
4. Багир-заде Ф.М., Нариманов А.А., Бабаев Ф.Р. - Геолого-геохимические особенности месторождений Каспийского моря. М. Недра, 1988, 208 с.
5. Виноградова Т.Л., Пунанова С.А. Углеводородные системы ранней генерации // Геохимия. 2009. № 1.с. 103–108.
6. Воробьева Н.С., Земскова З.К., Пунанов В.Г., Петров Ал.А – Биометки нефтей Предкавказья. // Нефтехимия, 1993. Т.35. №4. с.291-310.
7. Гордадзе Г.Н. - Геохимия углеводородов каркасного строения (обзор) // Нефтехимия, 2008. Т.48. №4. с.243-255
8. Гордадзе Г.Н. - Термолиз органического вещества в нефтегазопоисковой геохимии. М.: ИГиРГИ, 2002. 336 с.
9. Гордадзе Г.Н., Арефьев О.А. - Адамантаны генетически различных нефтей // Нефтехимия, 1997. Т.37. №5. С.387-395.
10. Гордадзе Г.Н. Гируц М.В. Кошелев В.Н. – Углеводороды нефти и их анализ методом газовой хроматографии. Москва – ПРЕСС. 2010. 240 с.

11. Гируц М.В., Русинова Г.В., Гордадзе Г.Н. - Генерация адамантанов и диамантанов в результате термического крекинга высокомолекулярных насыщенных фракций нефтей разного генотипа // Нефтехимия, 2006. Т.46. №4. с. 251-261.
12. Дегазация Земли: геотектоника, геодинамика, геофлюиды; нефть и газ; углеводороды и жизнь. Материалы Всероссийской конференции (с 1976 по 2010гг).
13. Дмитриевский А.Н., Скибицкая Н.А. Матричная нефть: перспективы освоения нового пласта знаний. Oil & Gaz Journal (Russia), 2011, №9 [53], с.70-74.
14. Колесникова А.Ю., Найденов О.В., Матвеева И.А. - Реликтовые и полициклические углеводороды как показатели условий генезиса нефтей // Нефтехимия. 1991. Т.31. №6. с.723-736.
15. Конторович А.Э., Каширцев В.А., Москвин В.И. и др. Нефтегазоносность отложений озера Байкал. Геология и геофизика, 2007, т.48, №12, с.1346-1356.
16. Каширцев, А. Э. Конторович, В. И. Москвин, А. Ю. Кучкина, В. Е. Ким В. А. Углеводороды-биомаркеры в органическом веществе палеогеновых отложений юга Западной Сибири. Нефтехимия, том 48, № 4, 2008, с. 271-276.
17. Краткий нефтегазовый словарь (геолого-геохимический). Баку. ÇAŞIOĞLU. 2003. 240 с. (под ред. академика И.С. Гулиева)
18. Максимов С.П., Панкина Р.Г., Гуреева С.М. и др., – Изотопный состав углерода СО2 газов Западной Сибири в связи с его генезисом – Геохимия, 1980, №7, с. 992 – 998.
19. Новые идеи в геологии и геохимии нефти и газа. Материалы международной конференции (с 1997 по 2005гг.).
20. Петров Ал.А. - Нефти разных этапов генерации// Геология нефти и газа. 1988. №10, 50 с.
21. Петров Ал.А. - Углеводороды нефти. М. Наука, 1984, 264 с.
22. Петров Ал.А., Абрютина Н.Н. - Изопреноидные углеводороды нефти//Успехи химии, 1989. Т. LVIII. Вып.6.с.983-1002.
23. Пунанова С.А. - Микроэлементы нефтей, их использование при геохимических исследованиях и изучение процесса миграции. М. Недра, 1974, 216 с.
24. Пунанова С.А., Виноградова Т.Л.- Незрелые нефти морских глубоководных фаций: физико-химические свойства, углеводородный и микроэлементный состав. Геохимия, 2010, № 11, с. 1214–1223.
25. Словарь по геологии нефти и газа. Л. «Недра» - 1988. 679 с.
26. Современные методы исследования нефтей: Справочно-методическое пособие; Под ред. А.И.Богомолова, М.Б.Темянко, Л.И.Хотынцевой. Л. Недра, 1984. 431 с.
27. Соколова И.М., Абрютина Н.Н., Петров Ал.А. – Углеводородный состав и химическая типизация нафтеновых газовых конденсатов и

нафтеновых нефтей. – Геология, методы поисков и разведки месторождений нефти и газа. М.: ВИЕМС. 1989, с.71.

28. Супруненко О.И., Тугарова М.А. - Геохимия нафтидов (часть 2) - раздел 4. – распределение нефти и газа. 2009, 01-11. Lithology.ru
29. Тиссо Б., Вельте Д. Образование и распространение нефти. М. Мир. 1981. 501 с.
30. Хант Дж. Геохимия и геология нефти и газа. М. Мир. 1982. 706 с.
31. ZD Wang, M. Fingas, and D. Page, J. Chromatogr., 843 (1999) 369-411.
32. NORDTEST. Nordtest Method , NT Chem 001, Ed. 2; NORDTEST, Espoo , Finland , 1991.
33. Семенов В.В.,Бегак О.Ю., Ивахнюк Г.К. Патент. Способ идентификации источников нефтяных згрязнений, 2012.
34. Эйде Ингвар, Сулсен Колбьорн. Фингерпритинг сложных смесей, содержащих углеводороды. Заявка: 2006132062/28, 07.02.2005.
35. Федоров Ю.Н., Ронкин Ю.Л., Лепихина О.П., Лепихина Г.С., Маслов А.В. Микроэлементная характеристика сырых нефтей. Литосфера. 2012, №2, с.141-151.
36. Буряковский Л.А., Бабаев Ф.Р. О законах распределения параметров физических и химических свойств нефтей. Азерб.хим.журнал. 1976, №4, с.98-104.
37. Пунанова С.А. Геохимические особенности распределения микроэлементов в нафтидах и металлоносность осадочных бассейнов СНГ. Геохимия. 1998,№9, с.959-972.
38. Бабаев Ф.Р. Микроэлементы нефти – геохимические индикаторы. Геология нефти и газа. 1983, № 10, с.49-51.
39. Серебренникова О.В., Белоконь Т.В. Геохимия порфиринов. Новосибирск. Наука 1984.
40. Гулиев И.С., Фейзулаев А.А., Гусейнов Д.А. Изотопный состав углерода углеводородных флюидов Южно - Каспийской мегавпадины. Геохимия. 2001, №3, с.271-278.
41. Гулиев И.С., Алиев Ад.А., Бабаев Ф.Р. Геохимическая характеристика нефтей месторождений Южно-Каспийской впадины. Геология нефти и газа. 2012, №4, с.79-83.
42. Тимошина И.Д. Геохимия органического вещества нефтепроизводящих пород и нефтей верхнего докембрия юга Восточной Сибири. Автореферат дис.канд.геол.-мин. наук. Новосибирск, 2003.
43. Пунанова С.А, Виноградова Т.Л. Геохимия нефтей ранней генерации прибрежно- дельтовых и морских мелководных фаций // Геология нефти и газа. 2009. № 2. С. 41-51.

Printed by Books on Demand GmbH, Norderstedt / Germany